修心三不

不生气 不计较 不抱怨

张跃峰 编著

扫码点目录听本书

成都地图出版社

图书在版编目(CIP)数据

修心三不:不生气不计较不抱怨 / 张跃峰编著. —
成都 : 成都地图出版社有限公司, 2018.11(2021.6 重印)
ISBN 978-7-5557-1098-1

Ⅰ. ①修… Ⅱ. ①张… Ⅲ. ①情绪 - 自我控制 - 通俗
读物 Ⅳ. ①B842.6 - 49

中国版本图书馆 CIP 数据核字(2018)第 266817 号

修心三不:不生气不计较不抱怨

XIUXIN SANBU:BU SHENGQI BU JIJIAO BU BAOYUAN

编　　著: 张跃峰
责任编辑: 游世龙
封面设计: 松　雪
出版发行: 成都地图出版社有限公司
地　　址: 成都市龙泉驿区建设路 2 号
邮政编码: 610100
电　　话: 028-84884648　028-84884826(营销部)
传　　真: 028-84884820
印　　刷: 三河市众誉天成印务有限公司
开　　本: 880mm × 1270mm　1/32
印　　张: 6
字　　数: 136 千字
版　　次: 2018 年 11 月第 1 版
印　　次: 2021 年 6 月第 21 次印刷
定　　价: 36.00 元
书　　号: ISBN 978-7-5557-1098-1

前 言

现在都流行把生活当作修行。修行就是一种修心，所谓修心，其实就是调整、修炼自己的心态。积极的心态能使人阳光、开朗、活力四射，让人乐意靠近，愿意与之交往。消极的心态则会使人低沉、颓废、萎靡不振，让人避之不及。想要拥有积极的心态，我们就要学会：不生气，不计较，不抱怨。

不生气是成就卓越人生的大智慧。生活中，我们往往会因为一些人和事而生气，让我们在工作、生活和待人接物上损失极大，不仅让我们变得烦躁，而且使我们的心胸越来越狭窄。生气不但无助于问题的解决，还扰乱我们的心境，恶化我们的人际关系，破坏我们的人生幸福。更为严重的是，生气还是摧残身体健康的罪魁祸首，会加速我们的衰老。我们虽然不能做到无贪无嗔无痴，但是我们可以做到不生气。在人生低谷时奋起，在痛苦时不去计较，在愤怒时选择冷静，在执迷时敢于放弃，用感恩的心看待世界，这样我们就能远离生气，不再让生气损害我们的身心，而是以积极健康的心态面对人生。

不计较是造就豁达心胸的大学问。有得有失的人生是公平的，有成有败的人生是合理的，有苦有乐的人生是充实的，有生有死的人生是自然的。一个人的快乐，不是因为他拥有的多，而是因为他计较的少！ 永远不要浪费你的一分一秒去想任何你不喜欢的人，也根本不必回头去看咒骂你的人是谁。 遇事与人斗力之人，为粗者；遇事与人斗气之人，为愚者；遇事与人斗智之人，为智者；遇事与人斗志之人，为贤者。

不抱怨是获得幸福生活的秘密所在。“对过去不悔，对现在不烦，对未来不忧。”远离抱怨能够让我们幸福、快乐地生活。 在无法得到自己想要的东西时，与其耿耿于怀，不如放下心结，整装待发，为下一次的奋斗做好准备。

本书通过富有哲理的小故事和情景案例，阐述了如何通过不生气、不计较、不抱怨来达到成就幸福人生的方法。

目 录

扫码点目录听本书

上篇

不生气，你就赢了

扫码点目录听本书

第一章　冷静点，活着不是为了生气

扫码点目录听本书

很多愤怒都是自找的

愤怒是一把摇椅，你一旦坐上去，它就会一直摇呀摇，总也停不下来；如果你跳下摇椅，它自己就会慢慢停下来。生活本已不易，再自找很多气受，岂不是在跟自己较劲？有一个心理学家做了一个很有意思的实验：他要求一群实验者在第一周周末晚上，把第二周会生气的事情都写下来，然后投入一个大纸箱中。到了第三周的星期日，他与成员逐一核对每项实际发生的情况，结果发现其中的 90％并没有真正发生。

接着，他又要大家把那 10％真正发生的让人气愤的事重新丢入大纸箱中，等过了三周，再来寻找解决之道。结果到了开箱的那一天，大家发现这真正发生的 10％也已经不足为虑了，因为他们有能力去解决了。

每个人都有七情六欲和喜怒哀乐，生气也是人之常情，但很多愤怒是人们自己找来的，这就是所谓的自找气受。富兰克林·皮尔斯·亚当斯曾以失眠做比喻，他说：“失眠者睡不着，因为他们担心会失眠，而他们之所以担心，正是因为他们不睡觉。”

生活中，有些愤怒根本是人们主动找来的。本来只是一件微不足道的小事，那些乐观开朗的人多会一笑而过，而那些心胸狭窄的人却会为它大动肝火。痛苦的人不过是养成了愤怒的习惯，他们总是对生活中的事物抱以消极的态度，他们不相信他人，对社会环境和自然环境不满，觉得公司的同事难以相处。

有些潦倒落魄的人总是抱怨上天不公，哀叹自己的时运不济。他们怨天尤人，整日念叨着自己有多么倒霉，却不愿意为改变眼下的困境而努力。

> 有位自主创业的年轻人，能力不错，他办的公司业务发展得也很好。但后来因婚姻不和谐，他总是动不动就发火，公司的员工忍无可忍，纷纷跳槽了，公司自然也就做不出什么业绩。时间久了，大家都认为在他的公司里不可能有好的前景，便没人愿意到他的手下做事。很快，公司就倒闭了。

当愤怒这种情绪出现在老板身上时，那就太糟糕了。情绪具有很强的传染性，老板的愤怒会以最快的速度逐级往下传播，最终让整个公司的员工都满腔怒火，没有心情去工作。

对于自己旺盛的精力，我们不应该用到错误的地方，不要整天想着自己被打压、被虐待、被冷嘲热讽、被不公正对待，好像自己是各种邪恶势力侵害的对象，时刻沉浸在愤愤不平的怒火中。这其实是一种病态心理，会逐渐侵蚀你原本健康的心灵，并把这种损害逐渐蔓延到你生活中的每一个角落。愤怒会磨灭一个人的理智，摧毁你原本幸福的人生。

我们要对自己、对生活抱有希望，保持乐观、平衡的心态。任何困难都只是暂时的，阳光终会穿过云层普照大地。不要养成易动怒的习惯，为一些细枝末节的事情愤怒不已。事实上，很多愤怒都是自找的。你原本可以感受更多的欢乐，过着更加幸福的生活。不要自己跟自己较劲儿，主动去找气受，这无论是对你的身体、精神，还是对你的工作和生活，都有害无益。

马克·吐温晚年时曾感叹道：“我的一生中很多时候都在为一些莫名其妙的事情生气，没有任何行为比无中生有的愤怒更愚蠢了。”

愤怒的后果很可怕

上班时间快到而公交车却因交通堵塞停滞不前时，你是否会烦躁不安？工作时计算机突然出现故障导致你的资料全部丢失时，你是否会郁闷不已？生活在现今这个纷繁复杂的社会，谁不曾遇到过令人生气甚至怒不可遏的事呢？工作中的挫折、生活中的困难、同事间的摩擦、邻里间的纠纷，被人冤枉，在公共场所被羞辱，家庭不和、夫妻吵架、子女不听话等等，都可使人生气、恼怒，甚至暴跳如雷。

怒，是“喜、怒、忧、思、悲、恐、惊”人之七情之一。人与人之间由于性格、修养、思维方式、生活方式等不尽相同，发生某些摩擦或冲突是难免的，愤怒是可以理解的。然而若是经常愤怒，或是一触即怒，往往会使身心健康受到损害。《内经》说：“百病生于气也。”“怒则气上，则伤脏；脏伤，则病起。”研究表明：暴怒能击溃人体生物化学保护机制，使抵抗力下降。怒气犹如人体中的一枚定时炸弹，随时都可酿成大祸。“怒从心上起，恶向胆边生”，就是这个道理。

发怒会使人远离真理。世界上很少有因为愤怒就使问题获得解决的情况。相反，愤怒常把事情搞僵了、搞糟了。愤怒时，极而言之，极而行之，没了后退之路，没了回旋余地。本来有理，反而变成了没理，本来小事，结果闹成了大事，甚至不可收拾。然而，悔之晚矣。第四次中东战争中，以色列190装甲旅旅长阿萨夫亚古里与埃军第二步兵师先头部队遭遇时，因三次进攻均未成功，便恼羞成怒，把剩余的85辆坦克孤注一掷，结果中计惨败。诸如此类，不胜枚举。俄国大文豪屠格涅夫曾劝告与人争吵、情绪激动的人：“在开口之前，先把舌头在嘴里转十圈。”愤怒是射向健康的一支利箭，它不一定能伤害你的敌人，却会时时侵蚀你自己的健康。

退一步海阔天空。宽容，反映你的涵养、你的心胸和你的内在力量。

一个不会愤怒的人是庸人，一个只会愤怒的人是蠢人，一个能够控制自己情绪、做到少发怒的人是聪明人。聪明人的聪明之处，是善于运用理智，将情绪引入正确的表现渠道，使自己以理智控制情绪，用理智驾驭情感。以平和的态度来摆事实、讲道理，要比大喊大叫更能让对方心服口服，宽恕和谅解有时比伤害、侮辱更能震撼人心。只要我们肯下功夫学会制怒的正确方法，他人就会对我们的道德、修养、理智以及大度给予发自内心地佩服。那时，我们自会达到“风平而后浪静，浪静而后水清，水清而后游鱼可数”的境界。

人遇到不痛快的事，都难免要发点脾气。 喜怒哀乐，人之常情，无可非议。 但如不适当地控制自己的感情，盛怒之下，容易做出傻事、蠢事，甚至连一件再也平常不过的小事，也会气死活人。

遇事不要轻易动怒

在非洲草原上，吸血蝙蝠在攻击野马时，常附在马腿上，用锋利的牙齿极其迅速地刺破野马的腿，然后用尖尖的嘴吸血。无论野马怎么蹦跳、狂奔，都无法驱逐这种蝙蝠，蝙蝠可以从容地吸附在野马身上，直到吸饱吸足，才满意地飞去。而野马常常在暴怒、狂奔、流血中无可奈何地死去。

事实上，害死野马的不是吸血蝙蝠，而是它们自己。 动物学家们经过研究发现，吸血蝙蝠所吸的血量是微不足道的，根本不会让野马死去，导致野马死亡的真正原因是它暴怒的性格。

俗话说：“一碗饭填不饱肚子，一口气能把人撑死。”如果我们遇事也如同发狂的野马那样，不能控制心态，不能理智、冷静地面对一切，就很有可能自取灭亡。

悲欢离合本是常理。 我们生活在充满矛盾的世界上，谁没有遇到过让人生气、令人气愤的事呢？ 然而，无论从生理健康还是心理健康上讲，遇到不顺心的事就勃然大怒是百弊无一利的。 因为怒气犹如人体中的一枚定时炸弹，不仅会毁灭他人，还会给自己带来灭顶之灾。

林则徐自幼聪颖，但是喜怒无常的性格让他的父亲林宾日忧心忡忡，为此，林宾日经常教育林则徐遇事不要冲动。有一天，林宾日给林则徐讲了一个“急性判官”的故事：某官以孝著称，对不孝之子绝不轻饶，必加重处罚。一日，两个贼人入户盗得一头耕牛，又把这家的儿子五花大绑押至县衙，向县官诉其打骂父母不孝之罪。该官一听儿子竟然打骂父母，犯下不孝之罪，于是不问青红皂白，喝令衙役杖责其50大棍。直到这家老母跌跌撞撞赶来说明真相，糊涂的县官这才想起找两个贼人算账，可两个贼人早已逃得无影无踪了。

这个故事给林则徐留下了难以磨灭的印象。也正是由于这样，林则徐才一步一步地升任更高的官职。所以说，时刻克制自己的情绪，对自身百利而无一害。

要善于克制自己

周末，几个女同事聚在一起吃午餐，聊着聊着，就转到单位人事管理上，批评起这个部门的主管不好，那个部门的主管看起来色眯眯的。就连董事长的儿子、女婿也难逃一劫，一个一个都被她们评头论足了一番。

几个女人七嘴八舌，东一句西一句，越说越起劲，说得是眉飞色舞的。

正当她们聊到精彩部分时，看到行政部门的小刘拿着快餐走过来，就热情地叫他过来一起用餐。多了位听众，女人聊闲话的功夫更是发挥到极致。一位陈小姐正在批评刚上任的男经理，她悻悻然地说："哼！什么都不懂，还老是摆个臭架子，依我看，我们小刘都比他强多了。小刘，你说是不是啊？"

小刘正低着头吃饭，无端端被卷入这场谈论中，为了阻止这个话题继续，小刘忽然抬起头来，望望四周，神秘兮兮地说："但是，我听经理说过他非常欣赏你，还想约你出去看电影，他到底约了没？约了没？"

大家听了，原本一肚子的话顿时卡在喉咙里，众人的眼光不约而同地集中在陈小姐泛红的脸上。这下子，陈小姐可成了八卦新闻的女主角。

其实，新上任的经理，人才和品德都出类拔萃，哪里会去喜欢一个成天在背地里说人是非、唯恐天下不乱的女人？这只不过是小刘为了耳根清净，虚晃一招罢了。

小刘的这招还真管用，接下来的时间里，大家都低着头默默无语，几个狐疑的目光轮流在陈小姐脸上打转。陈小姐终于尝到被人在背后论长论短的滋味了。

当八卦制造机成为八卦中的主角时，这台机器的运转功能一定会大大削减。的确，说别人那些无关痛痒的是非，可以有效地促进同事间的情谊，为平淡的工作增添一些色彩，但是这种行为却是把自己的快乐建立在别人的痛苦上。

不实的谣言，不管你再怎么强调你只是“听说”，不管你之后如何道歉补救，只要有一个人相信，伤害就已经造成。将心比心，换成你是当事人，你做何感受？

“根据可靠的消息指出，这个世界上根本就没有可靠的消息。”一位幽默作家这么写着。谣言止于智者，但愿你与我都能够有这样的智慧。

对智者固然要称道，对愚者也不应嘲笑，至于对诽谤的最好回答，就是无言的蔑视。

但是，细想想，当我们操心他人的流言蜚语时，我们又是否真正地静下心来思考过自身的问题呢？

我们不得不承认：任何粗鲁行为都只能在一定条件、一定范围内才被人们所容忍。当你的粗鲁与你所处地位不相符时，人们就会对你进行攻击。因此，从另一种角度来说，最终的责任都在你自己身上。

少唠叨，多幸福

唠叨这个词似乎是男人形容女人的常用词汇。卡耐基在他的《人性的弱点》中说过：唠叨是爱情的坟墓。但是，绝大多数女人并没有意识到这一点，也不承认自己的唠叨会对婚姻生活产生负面影响，甚至认为自己的唠叨是对对方的爱，以为唠叨可以改变丈夫的缺点，提醒男人完成他们必须做的事情，如做家务、吃药、修理坏了的家什、把他们弄乱的地方收拾整齐等。

然而，男人很多时候并不认同女人的唠叨。通常而言，当女人不断重复她的命令时，男人听到的只有一个声音：唠叨。唠叨就像漏水的龙头一样，将男人的耐心慢慢地消耗殆尽，并且逐渐累积起一种厌倦。世界各地的男人几乎都将女人的唠叨列在最讨厌的事情之首。陶乐丝·狄克斯认为：“一个男性的婚姻生活是否幸福，和他太太的脾气性格息息相关。如果她脾气急躁又唠叨，还没完没了地挑剔，那么即便她拥有普天下的其他美德也都等于零。”

对于女人来说，如果她对男人的唠叨不能起到作用，她还会变得很气愤和怨恨，认为男人不应该这样对她视而不见、对她的话听而不闻，结果也容易陷入“越生气越唠叨”“越唠叨越生气”的怪圈，影响夫妻之间的感情和家庭的和睦。

李轲从大一时，就和刘龙谈起了恋爱。大学一毕业，他们就结婚了。可是自从结婚后，李轲的手中就拿起了一把无形的尺子，只要见到丈夫就要量一量。丈夫洗衣服时，她会说：“你看看，这领子、这袖口，你怎么连衣服都洗不干净，还能干什么？”丈夫做饭，她会说：“哎呀，你做的菜不是咸就是淡，一点谱都没有，怎么吃呀？”丈夫做家务，她会说：“你看这地擦得一点都不干净！”丈夫在外办事，她更是唠叨个没完：“你看你，连话都不会说，让人怎么信任你呢？”诸如此类，家庭噪声不绝于耳。

刚开始的时候，刘龙常常忍着不吱声，时间久了，他也感到不满了，就说：“嫌我洗衣服不干净，你自己洗。”然后把衣服一扔，摔门而去。有时还会说：“觉得我做饭不好吃，以后你做，我还懒得做呢！”有时候，他也会大发雷霆，与李轲大吵一通，然后两人几天谁也不理谁。

过几天两人和好后，李轲仍改不了自己的习惯，仍然会在丈夫做事时唠叨不止，而且每次唠叨后丈夫也没太大的改进，李轲就更加生气、更爱发脾气。终于有一天，李轲又在唠叨丈夫不做家务，刘龙再也无法忍受，把所有的碗都摔在了地上，大声吼道：“你烦不烦！看我不顺眼，干脆离婚算了！”

李轲万万没有想到刘龙会说出离婚两个字，她顿时泪如雨下：“我说你，还不是为了你好？换了别人我还懒得说呢！要离婚，好，现在就离！”

后来，李轲在朋友的提醒下，明白是自己对丈夫太苛刻了。其实，衣服有一两件洗不干净是常有的事；丈夫不是大厨，所以不要以大厨的水平要求他；家务活谁都可能出点纰漏；一个人偶尔说错一两句话也是在所难免的。而自己不断的唠叨，却把这些常人都有的小毛病无限放大。正是因为她对丈夫的挑剔，才使得丈夫离自己越来越远。

女人之所以唠叨，是因为她们希望丈夫能认识到自己的“错误”，从而积极地进行改正。即使不能使对方承认自己的错误，至少能让他不再继续这种行为了。然而，唠叨的女人最主要的错误就在于：她们提出问题的方式不对，因为她们从来不从正面说“我希望你做什么、怎么做”，而是指责对方“你从来不倒垃圾”“你总是把衣服扔在一边不捡”……她们提出的要求总是间接的，里面还包含了指责。而且这些间接提出的要求随时随地都可能冒出来，如果男人不能按照她们的思维行动，她们就会更加气愤，唠叨也更加厉害。

其实，这样的唠叨毫无意义，而且是自我挫败性的，只会造成两败俱伤的局面。一旦这种带有腐蚀性的抱怨成为一种习惯，就可能造成家庭关系紧张，甚至导致家庭暴力。

既然唠叨不能解决问题，女士们就要寻找更有效的途径来解决问题了。比如，当丈夫忘记了结婚纪念日时，你与其对他唠唠叨叨抱怨不停，不如自己操办一个小小的纪念日活动，这样他就会对你心怀歉意，并会万分感激你的宽宏大量，相信以后他再也不会忘掉结婚纪念日，这样的方式不是比唠叨更好吗？所以，比起唠叨，你完全可以用其他的方法更好地实现你的目的。

怀澄清之志，做淡定之人

东汉蔡邕的外孙羊祜是晋景帝司马师的皇后的同母弟，但是他没有把这些光环戴在自己的头上，他为人清廉、谦恭，毫无官宦人家子弟奢侈、骄横的恶习。

他年轻时曾被举荐为上计吏，州官四次让他担任从事、秀才，五府也请他做官，他都一一谢绝了。

在曹爽专权时，曾打算任用他和王沈。王沈高兴地劝他与自己一起应命就职，但是羊祜却淡然地回绝了。后来曹爽被诛，王沈因为是他的属官而遭到免职。

王沈很佩服羊祜的先见之明，但是羊祜并不以为然地说："这不是预先能想到的。"

司马炎称帝后，因为羊祜辅助有功，要为他加官晋爵，但他坚持推辞，所以皇帝只能把他由爵晋升为侯。他对当时前朝有名望的大臣王佑、贾充、裴秀等，总是十分谦让，在他们面前从来都是恭恭敬敬的。

后来因为他都督荆州诸军事等功劳，要被加官到车骑将军，地位与三公相同，他上表坚决推辞，说："我做官的时间很短，不过才十几年，做到这样高的位置会让我的心日夜都战战兢兢不得安宁，把荣华当作忧患。况且我是一个外戚，应该警戒受到过分的宠爱，但陛下屡屡降下诏书，给我太多的荣耀，我真是承受不起。其实有不少才德之士，如光禄大夫李熹高风亮节，鲁艺洁身寡欲，李胤清廉朴素，这样的人都没有获得高位，而我比他们的德才都差得远，地位却超过他们，这怎么能让天下的人觉得公平呢？所以，臣乞望皇上收回成命！"但是皇帝没有同意。

后来，朝廷又想封他为南城侯，但羊祜坚持不接受。每次被晋升，羊祜都态度恳切地辞让，朝中官员都对他很敬佩，大家一致认为他应居宰相的高位。然而羊祜虽掌握机要大权，但他对于权势却不贪婪，也从不钻营。他推荐别人晋升的时候也从不张扬，所以被推荐的人大都不知道是羊祜举荐自己。

有人认为羊祜这样做很不值得，他说："古人常常教导我们：入朝与君王促膝谈心，出朝则佯称不知。这样的事情我怕自己还没有做到呢！而且我也没有举贤任能、知人善用的能力，心里常常感到很愧疚。而且官员是朝廷签署任命的，但是私下里却到推荐自己的人那里去拜谢，这是我所不赞成的。"

羊祜平时的生活作风也清廉俭朴，他穿的衣服和盖的被子都用素布，得到的俸禄全拿来周济族人，或者赏赐给军士，反而自己家里的生活一直很清贫。

羊祜虽然官做得很大，但为人处世都以低调为主。这样淡然的态度，让他赢得了君王和百姓的尊重。同时，也给后世留下了美名。

心中有志向，可以成事。但要做淡定之人，却必须有一定的境界和修养。而达到这个境界的人，必定是那些不为浮名所累的人。

晋朝时的王湛是个不怎么喜欢说话的人，也正因为如此，大家都觉得他是个痴痴呆呆的傻瓜。兄弟宗族都看不起他，起初只有他的父亲王昶欣赏他。

王湛的侄子王济也很瞧不起自己这个看似有些傻的叔叔，所以言行之中并不尊重他。

有一次吃饭的时候，桌子上有很多美味的大鱼大肉，但是王济并不让叔叔吃，王湛见自己吃不到好菜，就让王济给他夹些蔬菜，谁知王济竟然当着他的面把蔬菜吃掉，但是王湛并没有生气。

还有一次，王济去王湛屋里，看到他的床头上放着一本《周易》，于是就问王湛："叔父，你拿它有什么用途?"

王湛就说："身体和心情不好的时候，我就拿出它看一看。"

王济听了之后很惊奇，还以为平常看起来有些痴傻的叔父是在开玩笑，于是请王湛给他解说一二。

王湛给他剖析了《周易》的一些玄理知识，深入浅出的奇妙讲解，让王济听得很入迷，而且这些精妙的见识都是他以前没有听说过的，至此之后王济就经常黏着王湛探讨学问。而且经过深入的了解和接触，王济发现自己在学术方面的造诣远远比不上叔父，于是惭愧地说："三十年来我竟然不知道家中还有一位这么博学多识的人，这真是我的大过错啊!"

之后，王济回到家对父亲说："我这位叔叔比我强太多了，但之前我竟然一点都不知道，还经常看不起他，真是太羞愧了!"

后来，当有人对王济说他的叔叔是傻子时，王济都会大声反驳，并将王湛的才能与学识讲给众人听。从此之后，王湛的学识和名字越来越被人熟知，还当了汝南内史。

像王湛这样的人，无疑是拥有大智慧的人。他从不在人前卖弄自己的学问，也不会恼怒别人对他的误解和歧视，而是淡定地看待一切，不去追求那些外在的表现和虚荣。

遇事不要轻易动怒，学会控制自己

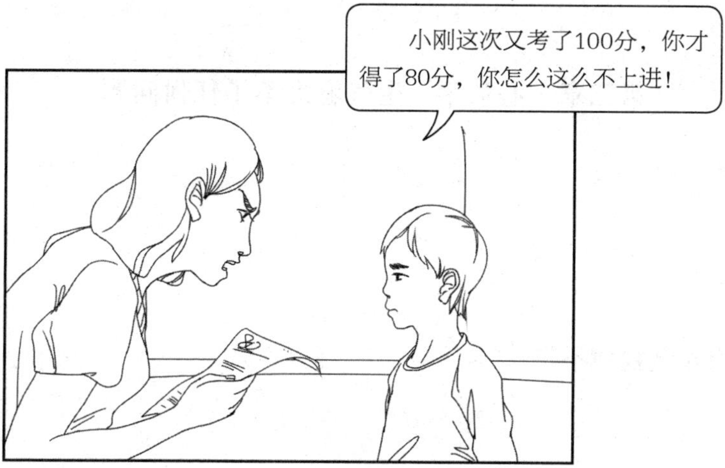

家长随意发火不利于孩子的健康成长　家长要多关注孩子的进步和努力，不要一味盯着分数看，和他人攀比。过度高压的氛围不利于孩子的学习进步和健康成长。

心平气和地鼓励胜过不问缘由地发火　一味发火不仅解决不了问题，还会让身边的人胆战心惊，更不利于事情的开展。所以发脾气前要三思，不要胡乱朝身边人发火。

第二章　心放平，生气解决不了任何问题

他人气我我不气

人在要生气和发生冲突时，语调会渐渐高涨起来，这点需要警惕。比如当两个人在生气的时候，心的距离是很远的，为了掩盖当中的距离，使对方能够听见，必须要喊起来，但是在喊的同时，人会更生气，更生气距离就更远，距离更远就又要喊声更大。若此时你能有意识地控制自己音量，心平气和地说话，说明你已经成功了，你会感到愉快。

中国有句俗语："大事清楚，小事糊涂。"意思是对一些原则性问题要清楚，处理要有准则，而对生活中无原则性的、不中听、看不惯的错事、小事，不能认真计较，更不要往心里去，甚至对吃了亏该生气的事，也一笑了之。这种"小事糊涂"的态度，对身心健康颇有裨益。在生活中，奉行"小事糊涂"，是改变狭隘的心胸的有效方法。做人不要小肚鸡肠，要有"宰相肚里行舟船"的雅量。对人处事，多看他人长处优点，以弥补自己的不足，即使一时受到误解，也莫以牙还牙，能忍为上，宽容为大。有了广阔的胸怀，就会目光远大，以事业为重，考虑的是有意义的大事，

而不去斤斤计较非原则的小问题，这样，即使面临令人尴尬的事也不会雷霆震怒了。

讲一个有意思的故事：

从前有一个叫爱地巴的人，每次当他要生气和人起争执的时候，他就以很快的速度跑回家去，绕着自己的房子和土地跑三圈，然后坐在田地边喘气。爱地巴工作非常努力，他的房子越来越大，土地也越来越广，但不管房地有多大，只要与人争论生气，他还是会绕着房子和土地跑三圈。爱地巴为何每次生气都绕着房子和土地跑三圈？所有认识他的人，心里都有疑惑，但是不管怎么问他，爱地巴都不愿意说明。

直到有一天，爱地巴很老了，他的房地已经很大，他生气时拄着拐杖艰难地绕着土地跟房子走，等他好不容易走完三圈，太阳都下山了。爱地巴坐在田边喘气，他的孙子在身边恳求他：“阿公，您年纪已经大了，这附近地区的人也没有人的土地比您更大，您不能再像从前，一生气就绕着土地跑啊！您可不可以告诉我这个秘密，为什么您一生气就要绕着土地跑上三圈?”爱地巴禁不起孙子恳求，终于说出隐藏在心中多年的秘密，他说：“年轻时，我一和人吵架、争论、生气，就绕着房地跑三圈，边跑边想，我的房子这么小，土地这么小，我哪有时间，哪有资格去跟人家生气，一想到这里，气就消，于是就把所有时间用来努力工作。”孙子问道：“阿公，您年纪大了，又变成最富有的人，为什么还要绕着房地跑?”爱地巴笑着说：“我现在还是会生气，生气时绕着房地走三圈，边走边想，我的房子这么大，土地这么多，我又何必跟人计较？一想到这，气就消了。”

当火气将要冒出、身陷“心理火炉”时，不妨在心中唱唱《不气歌》。这首歌的歌词是：“他人气我我不气，我本无心他来气，倘若生病中他计，气出病来无人替。请来医生将病治，反说气病治非易。气之为害大可惧，诚恐因病将命废。我今尝过气中味，不气不气真不气！”风趣幽默的《不气歌》唱罢，再凝神静想一番，相信你一定会情绪松弛，火气减轻，不满消失，说不定还会不自主地笑上一笑呢。

及时疏导自己的情绪

有人说：“人一生的历史就是一部同消极情绪做斗争的历史。”这句话似乎有点夸张，但未必没有道理。确实，克服内心的消极情绪对我们人生的成功具有重要的意义。如果我们总是容易生气，任由“气团”不断横冲直撞，那么，本来应该成功的我们也有可能会发挥失常，这是很浅显的道理。对于大多数足球迷来说，2006 年的世界杯并不陌生，当时，决赛在法国队与意大利队之间进行。双方在 90 分钟内战成 1 ∶ 1 平。加时赛的最后 10 分钟，由于对手的挑衅，法国著名球星齐达内突然情绪失控，一头将对方后卫顶倒在地。主裁判直接出示红牌将其罚下，齐达内就这样以一张红牌为自己的足球生涯画上了句号。最终，少了齐达内的法国队在点球大战中输给意大利。这就是情绪失控的恶劣后果。负面情绪是成功致命的阻碍，尤其当我们即将获得成功的时候，我们会在负面情绪的影响下发挥失常。所以，我们应该及时疏导自己的情绪，化解“气团”，这样我们才有可能赢得最后的成功。

在大不列颠战争中，英国轰炸了德国的柏林，这一行为使希特勒非常生气。一气之下，希特勒开始把攻击对象从天空转移到陆地，对英国各大城市进行大规模的轰炸。然而，轰炸并没有对英国造成重大的损失和人员伤亡。相反，英国很好地利用了这一契机，重新部署了雷达系统。这样看来，希特勒的生气实则减轻了英国机场的压力。

生气就像一只乱飞的苍蝇，让我们的内心失去原有的平静，这时，我们有可能会对问题的判断失准，从而做出一些难以挽回的决定。所以，在生气的时候，要慎重做决定，否则将会带来一些不必要的麻烦，甚至会导致整个计划的失败。

1965年9月7日，世界台球冠军争夺赛在美国纽约举行。当时，闻名世界的台球选手路易斯·福克斯十分得意，胸有成竹，因为他的成绩遥遥领先于其他选手，只要正常发挥，便可登上冠军的宝座。

就在路易斯·福克斯准备全力以赴拿下整个比赛的时候，发生了一件令人意想不到的小事：一只苍蝇落在了主球上。刚开始，路易斯并没有在意，他挥手赶走了苍蝇，然后就俯身准备击球。可是，当路易斯的目光重新集中到主球上的时候，那只可恶的苍蝇又停留在了主球上，路易斯皱着眉头再次赶走了苍蝇。这时，细心的观众发现了这一现象，观众席中不时发出阵阵笑声，大家都饶有兴趣地看着路易斯的一举一动。路易斯摇了摇头，再次俯身准备击球，谁知那只苍蝇好像故意与他作对似的，又落在了主球上。

就这样，路易斯与那只苍蝇一直周旋着，观众的笑声一阵接着一阵，人们似乎并不是在观看台球比赛，而是在看滑稽表演。此时，路易斯的情绪显然恶劣到了极点。当那只苍蝇再次落在主球上的时候，路易斯终于失去了理智和冷静，他气得用球杆去击打苍蝇，却不小心碰到了主球。裁判判他击球，路易斯因此而失去了一轮的机会。

约翰·迪瑞是这场比赛中路易斯的对手。本来，约翰认为自己败局已定，但是，见路易斯被判击球，约翰不禁信心大增，连连打出好球。而路易斯在愤怒情绪的驱使下，连连失利。最后，约翰获得了世界冠军，路易斯输掉了比赛。

一只小小的苍蝇，击败了一个世界冠军。在愤怒情绪的驱使下，路易斯发挥失常，最终与胜利失之交臂。我们在扼腕叹息的同时，不禁为此感到震惊。这就是愤怒情绪积压成“气团”后的力量，它将我们阻拦在成功大门之外。

我们每天都会面对许多情绪，情绪似乎影响了我们的生活。

有人这样说道：“一切争吵都是从情绪开始的，一切纷争都来源于情绪。”生气往往会引起强烈的行为反应，甚至有可能产生连锁反应，最后导致一连串糟糕的后果。

平和的心态对人生更有益

诗人艾青说：“任何一次成功都仅仅是人生旅途中的一个驿站，它来源于平实，归终于平实。”

平和的心态是人们在生活中经过千锤百炼而达到的一种崇高的境界，一种高深的修养。具有平和心态的人，能够正确地看待人生，不会为权力、地位、金钱的诱惑而放弃人生的道德准则，他们的心境坦然而又平实。拥有平和心态的人，永远可以保持悠然、恬静和健康的身心。

被誉为“美国国父”的乔治·华盛顿，就是一位心胸坦然、心态平和的人。

华盛顿是美国历史乃至世界历史上杰出的军事家和政治家。他作为正面指导国家前进的一位开国元勋，受命于美利坚民族危难之际，执政于合众国初创之时。在美利坚民族由争取独立的革命战争转变为百废俱兴的和平建国时期，由君主政体转变为资产阶级共和政体的转折点上，华盛顿被人民推上历史舞台，恪尽其职。

在约克镇大捷后，独立战争胜利在即。这时，“建立什么样的美国”这一重大问题凸现在人们面前。1782年5月，大陆军上校尼古拉给华盛顿写了一封长达七页的信。信中说，当今世界上，各大国无不实行君主统治。美国独立后，也宜实行君主制。而您“既有能把我们从显然非人力所能克服的困难中引向胜利和荣誉的能力，又有应该得到并且已得到军队普遍尊重和尊敬的品质”，因此，您既能“在战争中引导人们走向胜利，同样应该在和平道路上领导大家顺利前进”。意思清楚极了，美国君主非华盛顿莫属。而对金灿灿的王冠，具有民主共和思想的华盛顿半点也没有动心。他立即给这位部下写了回信。信中说：“我认真阅读了你要我仔细阅读的意见，感到非常意外和吃惊……如果你重视你的国家，关心你自己或子孙后代，或者尊重我，那么，我恳求你，从你的头脑里清除这些思想，而且绝不要让你自己或者任何别人传播类似性质的看法。”就这样，华盛顿严词拒绝要他当美国国王的呼吁。一年多后，华盛顿自动辞去大陆军总司令职务，解甲归田，隐居在自己的庄园里。一位历史学家描述说：他踢开了王冠，藏起了刺刀。

1789年2月，华盛顿当选为总统。此时的华盛顿在给妻子的信中写道：“你应当相信我，我以最庄严的方式向你保证，我没有去谋求这个职位，相反，我已经尽我所能竭力回避它，除了因为我不愿意与你和家人离别，更重要的是因为我自知能力不足，难以胜任此重任。我宁愿与你在家中享受一个月的天伦之乐，这比我在异乡待49年所能找到的欢乐要多得多。既然命中注定委任于我，我希望能够通过接受此任命来实现某种崇高的目的。”两个多月后，他到临时首都纽约准备上任，这时却冒出一个“上尊号”问题。原来，参议院中的一些人提出，为了表示对华盛顿的尊敬和谢意，除了“总统”这一称号，还应再献上一个“尊号”。于是，“民选的君主陛下”“民选陛下”“最仁慈的殿下”“合众国权利的保卫者”“合众国总统殿下”“美利坚合众国总统殿下”和“美利坚合众国权力的护国主”等“尊号”便被提出来了。一时之间，闹得沸沸扬扬。华盛顿不赞成用“尊号”，对“上尊号”的人极为厌烦。他认为，无论给总统添加什么“尊号”，都会带来负面影响。直接的后果是引起拥护共和制的人们的怀疑和忧虑，使他们对总统和新政府失去好感。

华盛顿还主张由选举产生的各种官员都必须实行任期制，这是民主的一个重要体现。既然 1787 年美国宪法规定总统任期为四年，期满卸任，理所当然，作为第一任总统，华盛顿的任期应至 1793 年 3 月 3 日结束。他不仅做好了期满卸任的准备，而且提前宣布不竞选连任总统。他认为，如果一直到停止呼吸才由副总统继任，这不就是终身制了吗？那和君主政体又有什么区别呢？虽然由于各方面的拥护与要求，华盛顿又担任了一届总统，但在第二届任期结束前一年，他就明确表示绝不再连任。1796 年 9 月，他出人意料地在费城一家报纸上刊登“告别演说辞”，向公众正式表达他的这一意愿。次年 3 月 3 日，在告别晚宴上，他“最后一次以公仆的身份为大家的健康干杯”。六天后，他带领家人踏上返回自己庄园的归程。其实，美国宪法只规定了每届总统的任期，并未对总统连任规定任何限制。从华盛顿的情况看，他若想连任下去不会有什么问题，甚至思想激进、民主意识鲜明的杰弗逊也曾认为华盛顿可以成为终身总统。1798 年 2 月 1 日，华盛顿将自己离职以来的感受以明快的笔调告诉了大西洋彼岸的拉法叶特：“亲爱的侯爵，我终于成了波托马克河畔的一位普通的老百姓了。在我自己的葡萄架下乘荫纳凉，听不到军营的喧闹，也见不到公务的繁忙。我此刻正享受着宁静而快乐的生活，而这种快乐是那些孜孜不倦地追逐功名的军人们，那些朝思暮想着图谋划策、不惜灭他国以谋私利的政客们，那些时时刻刻察言观色以博君王一笑的谀臣们所无法理解的。我不仅仅辞去了所有的公务，而且内心也得到了彻底的解脱。”华盛顿退休之后安详平和地在乡间过着逍遥自在的田园生活，他做着自己爱做的事情，诸如农田实验、环境布置甚至还提出并实施了美国西部开发的计划。在拥有大量私人时间的条件下，他能够最大限度地享受个人的心理空间。

权力、地位、财富，很少有人能够抵抗住它们的诱惑，华盛顿不为所动，放弃了称帝的机会，拒绝了许多手下向其献媚的冠冕堂皇的称呼，对权力并不沉迷，这一系列的行为没有平和的心态是不可能做到的。 正因如此，他得到了美国人深深的怀念和长久的尊敬。

成功者善于克己制怒

喜怒哀乐，悲欢离合，升迁失落，往往使人失去理智。意外的收获使人惊喜，意外的失落使人愤怒。喜与怒总是与一定的人生际遇有关。

感情是可贵的，但不能感情用事。如果说感情能骤然爆发出使事业成功的力量，那么理智则是通向事业成功的桥梁。感情一旦失去了理智的约束，就难免会把人带入失败的深渊。

有这样一则寓言故事：

> 河里有一种叫作河豚的鱼。它喜欢在桥墩间游来游去，有时一不当心，迎头撞在桥墩上，它便怒气勃勃，无论如何都不肯游开。
>
> 它怨恨桥墩，它怨恨水流，它怨恨自己……于是，它张开两腮，竖起鳍刺，满肚皮充满了怒气，浮到水面上来，许久都不动一动。
>
> 这时，一只水鸟掠过河面，一把抓过圆鼓鼓的河豚，享受了一顿鲜美的午餐。

一般来说，青年人好胜逞强、血气方刚，情绪波动大，更易发怒。通常情况下，发怒容易使人失去理智，给我们的身体乃至学习、工作和生活造成危害，所以我们应加强自身修养，做到克己制怒。

常言道："急则有失，怒则无智。"发怒时人常常失去理智，因此古人云：怒不可以兴师。《孙子兵法·火攻》中说："主不可以怒而兴军，将不可以愠而致战。合于利而动，不合于利而止。怒可以复喜，愠可以复悦，亡国不可以复存，死者不可以复生，故明君慎之，良将警之。"意思是说，一国之主，不能凭一时之愤怒决定兴师，一军之将不可以凭一时之愤怒率众出战。因为怒而兴师出战，很可能决策失误，损兵折将，导致被动。愤怒之后可以重新欢乐，怨恨之后可以重新喜悦，但国亡不可复存，人死不会复活。所以，兴师动众，一定要有利而动，无利则止，慎之再慎。

历史上有许多因"怒而兴师"导致的悲剧。

> 楚汉相争时，项羽吩咐大将曹咎坚守城皋，切勿出战，只要能阻住刘邦15日，便是有功。项羽走后，刘邦、张良使了个"骂城计"，派兵进抵城下，指名辱骂，画着漫画，污辱曹咎。曹咎怒从心起，立即带领人马，杀出城门。汉军早已埋伏停当，只等楚军出城，一见楚军入瓮，霎时从四下里杀出，只杀得曹咎全军覆没。

对于一个聪明的领导者来说，一定不要怒而决断；对于一个头脑清醒的人来说，应做到避免怒而行事。明白事理的人都会知道自己什么时候心情不好，精明的人还要懂得在自己不清醒的时候决不采取任何行动，要等到能够对自己面临的难题付之一笑才可采取行动。愤怒时不采取任何行动，"三思方举步"，这是容易发怒者避免失误的妙法。一个高明的人应尽量做到少怒，最好不怒，这就需要我们掌握克己制怒的本领。

（1）要锻炼息怒。怒，一般是短时的生理反应，因此，莎士比亚把怒比为“激情的爆炸”。此刻制怒的关键在于掌握时间，延缓时间消弭“激情的爆炸”，就会使怒平息下来。

如果争论激烈，用词尖锐，则宜暂时停止，待双方平静下来，是非逐渐就会明白。

（2）要合理泄怒。怒火中烧，怒不可遏，如果把委屈、冤枉都憋在心里，久而久之很可能会抑郁成疾。如《三国演义》中诸葛亮三气周瑜，终使其发怒而死。当我们泄怒时，可以寻找适当合理的方式，因为宣泄是人人都会的，关键在于能不能正确、合理而又不损伤他人利益地宣泄，这也反映出一个人的涵养。

当然，我们讲制怒，并不是不许怒，成为事事无动于衷的胆小鬼。岳飞脍炙人口的《满江红》中，“怒发冲冠，凭栏处”，表现出正义之怒。钟馗抓鬼的传说中载，“钟馗听说一具鬼子，怒从心生，拔剑就砍”，表现出凛然之怒。这些人性中的合理愤怒是值得效法的。我们所说的制怒，是克制在人与人正常交往中所不应发之怒，以及在大是大非面前保持冷静的头脑，做出理智判断的处理方法。

做人要戒怨戒嗔

在很久以前的波罗奈国，有一个人，靠着苦力为生。他是一个非常勤俭节约的人，每当他的手头有些积蓄的时候，他就会把这些钱都换成黄金封藏在瓶罐里，然后再把这个钱罐埋藏在家中。看着家中的黄金一天天地增加，他的快乐也跟着增加。

随着日子一天天无声无息地过去，这个人始终没有改变这个存钱的习惯，他终生省吃俭用的结果，就是换来了满满七个瓶罐的黄金。此时的他也已年老体衰，身体多病，但他却仍然不肯花钱请医生治疗，最后终于留下他的满满七罐黄金，叹息着离开了人世。

他死后，由于心怀嗔恨并念念不忘他生前所留下的黄金，他变成了一条毒蛇，日日夜夜地守护着他生前所埋藏的黄金。就这样，斗转星移，世事变迁，经过了一万年之后，有一天，他突然醒悟到，他就是由于放不下这样的执着和嗔恨，才使自己一万年来始终脱离不了蛇身。当从这样的嗔恨中觉悟后，他很快就获得了解脱。相传，这条毒蛇就是舍利弗的某个前身。

执着的嗔怨之心对一个人来说就是枷锁和牢笼，当一个人对某件事情痴迷不悟时，他的心就会如同针眼一般狭小，容不下任何其他事情，甚至为了这份执着他还会一错再错，直到使自己坠入万丈深渊。 而那些将自己的心打开的人，则会感到心胸开阔，天地无限宽广，生活也无限美好。 就像故事中的这条毒蛇，由于心中放不下嗔恨和对黄金的执着，一万年来都不得解脱。 当它有一天幡然醒悟时，才终于发现，原来自己一直都陷在自己那执着的迷梦里。

对怨恨的执着会将我们打入心灵的牢狱之中，让我们一味地守在“受辱、受害、受杀”的怨怼里，然后我们就会急于要寻找到我们的仇家，以发泄我们心中的怨恨、不满和不快，来为我们虚幻不实的“受辱、受害、受杀”的心灵感受讨回它应有的公道。

对于怨嗔的执着就是让我们感到苦痛的根源，但当有一天我们突然觉悟了，就好像是从一个执迷的梦中清醒过来了一样。此时的我们才发现，原来，怨恨和所有其他的不良情绪一样，都是一种虚幻不实的东西。原来心灵的领域可以如此开阔和自在，而执着于怨嗔之中，就是自己放弃了让自己快乐的源泉。

能够做到戒怨戒嗔、控制自己的不良情绪，的确不是一件容易的事，这需要有顽强的毅力。

有一个男孩有着很坏的脾气，于是他的父亲给了他一袋钉子，并且告诉他，每当他发脾气的时候就钉一根钉子在后院的围篱上。

第一天，这个男孩钉下了 37 根钉子。但慢慢地，这个男孩发现控制自己的脾气要比钉下那些钉子来得容易些。所以，他每天钉下钉子的数量就逐渐减少了。

终于有一天，这个男孩再也不会失去耐性乱发脾气了。当他把这件事情告诉他的父亲之后，他的父亲告诉他，从现在开始，每当他能控制自己的脾气的时候，就拔出一根钉子。

日子一天天地过去了，最后男孩告诉他的父亲，他终于把所有的钉子都拔出来了。

父亲握着儿子的手拉着他来到后院说：“你做得很好，我的好孩子。但是看看那些围篱上的洞，这些围篱将永远不能恢复成从前的样子了。你生气的时候说的话就像这些钉子一样，会给别人留下疤痕。如果你拿刀子捅别人一刀，不管你说了多少次对不起，那个伤口也将永远存在。话语的伤痛就像真实的伤痛一样令人无法承受。”

小男孩点了点头，他终于明白了父亲的意思。

人与人之间经常会由于一些难以释怀的坚持和嗔怨等不良情绪，而造成相互之间永远的伤害。倘若我们都能从自己做起，严格要求自己，宽容地对待他人，相信你一定可以建立起和谐融洽的人际关系。为自己的心灵开启一扇宽容的心窗，摒弃自己的嗔怨情绪，让满足与快乐永远驻足，你将会看到一片更为广阔而又蔚蓝的天空。

情绪误人误事

不要把情绪带入工作中 人在愤怒下说出的话往往会带来令人追悔莫及的后果。所以成熟的职场人往往公私分明，十分在乎自己的专业性，不会把私人情绪带入工作场合。

情绪害人又害己

交通事故给人带来气愤的心情可以理解，但生气也要注意影响，发脾气也要以不误事、不给他人带来困扰为前提。

学会控制自己的脾气，多一些宽容

我们要学会及时调节情绪，排解压力，多去理解别人的苦心，不轻易在生气时说伤害人的话。

第三章 好脾气，拥有好情绪才有好福气

不做情绪的奴隶

你曾经有过这样的经历吗？ 考试前焦虑不安、坐卧不宁；受到老师、父母批评后眼前一片空白，不愿上学；和同学朋友争吵后，气得上街乱逛，买一堆不合时宜的东西泄愤。

像这类“犯规”的举止，偶尔一次还不要紧，如果经常这样，可就要小心了！ 因为不知不觉中，你已经成了“感觉”的奴隶，陷于情绪的泥淖而无法自拔，所以一旦心情不好，就“不得不”坐立不安、“不得不”旷工、“不得不”乱花钱、“不得不”酗酒滋事。 这样做不仅扰乱了自己的生活秩序，也干扰了别人的工作、生活，丧失了别人对你的信任。

对有些人而言，情绪不亚于洪水猛兽，唯恐避之不及！ 领导常常对员工说：“上班时间不要带着情绪。”妻子常常对丈夫说：“不要把情绪带回家。”……这无形中表达出我们对情绪的恐惧及无奈。 因此，很多人在坏情绪来临时，莽莽撞撞，处理不当，轻者影响日常工作，重者使人际关系受损，更甚者导致身心遭受疾病的侵袭。

美国著名心理学家丹尼尔认为，一个人的成功，只有20%是靠智商，80%是凭借情商而获得。而情商管理的理念即是用科学的、人性的态度和技巧来管理人们的情绪，善用情绪带来的正面价值与意义帮助人们成功。

当你明白自己的情绪不对劲后，你要去分析，有哪些责任是自己应该负责却没有做好的，又有哪些责任是外在的原因造成的。比如，你因迟到遭到上司的罚款处罚，心情很沮丧。那你就要追问自己："造成此事的是自己的原因还是外部的原因？"如果是属于堵车之类的外部原因，那么不必太在意。如果是自己动作慢，常起晚的原因，那就改变习惯而不是谴责自己。如果因此养成了良好的习惯，那受到领导的处罚也是值得的。

通常情况下，人们会将自己遭遇的不幸归因到外界。比如，上司批评自己是因为一直就看不惯自己，而这种假想出来的不公平感会让人的情绪雪上加霜。此时，如果你能够及时地消除这种"假想"，就可以卸掉一个沉重的包袱。

此外，对于已发生的事情，可能已经对现实造成了一定的影响，比如你说错了一句话，可能得罪了上司。你除了要认识到无论前面发生了什么，都属于过去外，还要寻找一些解决问题的具体措施。比如，要如何做才能减轻自己给领导造成的负面印象？怎样才能让领导重新信任自己？为此，你可问自己几个问题：

(1)这件事的发生对自己有什么好处？

(2)现在的状况还有哪些不完善？

(3)你现在要做哪些事情才能达成你需要的结果？

(4)在达成结果的过程里，哪些错误你不能再犯？

当人面对对自己有威胁的事情时，会产生恐惧、担忧、焦虑，而如果此时积极思考解决问题的方法，不仅可以增强自己对事情的

“可控制力”的培养，你的负面情绪也就会得到缓解。

长期情绪消沉，对一个整体各系统的功能有极大的影响。怎样摆脱和消除不良心理情绪呢？美国密歇根大学的心理学教授兰迪提出了七种比较有效的方法：

(1)针对问题设法找到消极情绪的根源。

(2)对事态加以重新估计，不要只看坏的一面，还要看到好的一面。

(3)提醒自己，不要忘记在其他方面取得的成就。

(4)不妨自我犒劳一番，譬如去逛街，逛商场，去饭店美餐一顿，听歌赏舞。

(5)思考一下，避免今后出现类似的问题。

(6)想一想还有许多处境或成绩不如自己的人。

(7)将自己当前的处境和往昔对比，常会顿悟“知足常乐”。

自我暗示可以改变坏心情

自我暗示，也就是自己主动地通过言语、手势等间接含蓄的方式向自己发出一定的信息，使自己按照自己示意的方向去做。事实上，心理学家认为，自我暗示有消除恐慌和消极心态的功能。美国心理学家威廉斯说：“无论什么见解、计划、目的，只要以强烈的信念和期待进行多次反复的思考，那它必然会置于潜意识中，成为积极行动的源泉。”有的人以前只不过是一个小人物，但是，他后来竟然获得了成功，如果一定要追寻其中的原因，那就是每次遇到糟糕的事情，他们总是能保持积极的情绪，安慰自己：一切都会好的。其实，这就是一种自我暗示。在苏联电影里，警卫员瓦西里坚定地告诉妻子："面包会有的，牛奶会有的，一切都会有的。"这其实也是一种心理暗示。积极的心理暗示可以让我们摆脱坏心情的枷锁，重新找回久违的快乐。

在生活中，我们每个人都有遭遇坏心情的时候，我们应该清楚这一点：如果我们没有办法改变事实，那就改变心情吧。时刻给予自己这样的忠告：一切都会好的，不管多么生气、愤怒，依然没有办法改变事情，那么，不如选择一份好心情吧。当然，在很多时候，"一切都会好的"无异于自我安慰，甚至有的人说这是"自欺欺人"。哪怕是自欺欺人，但我们能获得平和的情绪，那又何乐而不为呢？坏心情，将会影响我们大脑的正常思考，麻痹我们的神经，使我们变得越来越堕落。如果任由这样的状态持续下去，不仅做不好任何事情，反而会把自己推向深渊。如果一份平和的情绪，有助于我们寻找到解决问题的办法，那么，即使是安慰自己、欺骗自己，只要我们能有希望解决问题，这就是行之有效的办法。因此，在生气或愤怒的时候，试着对自己说一句：一切都会好起来的。在这样乐观的心态下，或许一切事情真的会好起来了。

一位哲人见生活贫困的朋友整天愁眉苦脸，一脸苦相，他就希望自己能够找出一个方法让朋友重新快乐起来。但是，无论哲人怎么说，那位贫困的朋友就是快乐不起来，反而认为哲人是在奚落自己。为了让朋友接受自己的建议，哲人想出了一个好办法，他对那位朋友说："你愿不愿意离开你的妻子？愿不愿意丢弃你的孩子？愿不愿意拆掉你的破房？”那位贫困的朋友坚决地摇摇头，哲人接着说道：“对啊！你应该庆幸自己有一位默契的伴侣，庆幸自己有一个可爱的孩子，庆幸自己有一间温暖的旧屋，你应该为此感到高兴啊！”听了哲人的话，那位朋友的愁苦脱离了眉梢，忧郁离开了额头，他重新快乐起来。

试想，如果没有哲人的帮助，也许那位贫困的朋友依然愁眉苦脸。他始终不能摆脱坏心情的枷锁，是因为他不懂得自我暗示。如果他告诉自己“你要快乐起来”“快乐才是你所需要的”“贫困只是暂时的，一切都会好起来的”，那么，在这样的不断暗示下，他会发现，即使是拮据的生活，依然可以令自己由衷地快乐。其实，一个人的快乐与不快乐，通常不是由客观条件的优劣来决定的，而是由自己的心态以及情绪来决定的。在生活中，无论遇到多么糟糕的事情，不要沮丧，不要生气，暗示自己：一切都会好起来的。那么，我们就可以从那些困难、不幸中振作起来，重新挖掘出新的快乐。

1998年7月21日晚，在纽约友好运动会上意外受伤后，默默无闻的、17岁的中国体操队队员桑兰成了全世界最受关注的人。那确实是一个意外，当时，桑兰正在进行跳马比赛的赛前热身，在她起跳的那一瞬间，外队教练的一个“探头”动作干扰了她，导致她动作变形，从高空栽倒到地上，而且是头着地。个性温顺的桑兰在遭受到如此重大的变故后却表现得相当乐观：“我相信一切都会好起来的。”她的主治医生说：“桑兰表现得十分勇敢，她从来不抱怨什么，对她我能找到表达的词语是‘勇气’和‘乐观’。”

或许，正是那份积极的心理暗示铸就了她坚强、乐观的性格，美国称她是“伟大的中国人民光辉形象”。在美国住院的日子里，许多美国民众都会去看她，这并不只是因为她受伤了，还因为她的精神感染了他们。是的，一切都会好起来的，在这样的信念下，桑兰逐渐好了起来……

有时候，我们会突然感觉到自己的心情很差，该怎么办呢？其实，这时候，我们可以利用积极的心理暗示。一个人在心情低落时，总是想把自己封闭起来，什么人都不想见，什么事情都不想做，直到心情变好为止。可是，在任何时候，我们需要明白这样一个道理：即使心情再差，还是要生活、学习、工作。所以，给予自己积极的心理暗示，告诉自己：其实我很快乐。为了证实自己真的快乐，你可以装出一副很开心的样子，保持友好的笑容，心情看起来很愉快。这样，过不了多久，你会发现，自己真的摆脱了坏情绪的困扰，真的变得快乐起来。

积极的情绪造就幸福人生

情绪来自于自己的选择——你选择快乐，马上就可以得到快乐；选择愁苦，会马上感到愁苦。你可以瞬间将愁眉苦脸转换成如花笑靥、满面春风。只要你愿意学习，你就可以把自己的情绪控制到几乎随心所欲的程度，你可以随时进入兴奋、自信、充满活力、心智敏锐的良好情绪状态。

令人遗憾的是，在现实生活中，人们很少有意地对自己的情绪加以控制，大家选择的多是不好的、负面的情绪，多是跟着感觉走，心甘情愿做情绪的奴隶。在这种情况下，人们的生活质量可想而知，人们会在有意无意之中亲手扼杀自身的幸福。下面这个故事就足以说明，不愿控制自己情绪的人会把生活弄得多么糟糕。

一个周末的傍晚，凯勒在阳台上整理白天拿出来暴晒的旧书，正巧看见与他相隔一条巷子的邻居家的太太在阳台上洗碗。

邻居家的太太动作十分利落，水声与碗盘声铿锵作响，像发自她内心深处的不平与埋怨。这时候，她丈夫从客厅端来一杯热茶，双手捧到她面前。这感人的画面，差点叫人落泪。

为了不惊扰他们，凯勒轻手轻脚地收起书本往屋里走。正要转身时，听到邻居家的太太嘲讽地说："别在这里装好人啦！"

丈夫低着头，又把那杯茶端回屋里。

凯勒想，那杯热茶一定在瞬间冷却了，就像那个丈夫的心。

继续洗碗的邻居家的太太边洗边抱怨："端茶来给我喝？少惹我生气就行了。我真是命苦啊！早知道结婚要这样做牛做马，还不如出家算了。"

热茶没喝上，又生了一肚子气，这个女人的不幸，是她自己的选择。她向给她献殷勤的丈夫泼冷水，不但伤害了她丈夫，同时也伤害了她自己，因为她选择的抱怨、指责一类的情绪对她自己一点好处也没有。她用随心所欲的发泄，毁掉了她和丈夫的幸福。

情绪控制是创造幸福人生的秘密。

控制自己的情绪，就可以改变自己的行为；改变自己的行为，就能扭转自己的命运。情绪控制决定着你能力的大小，情绪控制决定着你的人生幸福，情绪控制决定着你的命运。没有良好的情绪控制，一切都无从谈起。

挂着扑克脸的人到哪里都不会受欢迎，神情沮丧、抑郁的人会令人不由自主地躲开，而怒火中烧的人则会给人际关系造成难以修复的创伤。

情绪控制是上帝非常公平地分配给我们每个人的能力，不论富裕或贫穷，不论高贵或者卑贱，任何人都可以靠控制自己的情绪，来为自己的人生服务；任何人都可以从情绪控制中汲取精神的力量，帮助自己化解心灵的压力，从而开创幸福的人生。

从前有个又穷又愚的人，不知怎么突然富了起来。但是有了钱，他却不知道如何处理这些钱。他向一位和尚诉苦，这位和尚便开导他说："你一向贫穷，没有智慧，现在有了钱，不贫穷了，可是仍然没有智慧。城内信佛的人很多，其中有大智慧的人也不少，你花点钱，别人就会教授给你智慧。"

那人就去城里，逢人就问哪里有智慧可买。

有位长老告诉他："你倘若遇到生气的事，不要急着处理，可先向前走7步，然后再后退7步，这样往返3次，智慧便来了。”智慧这么简单吗？那人听了将信将疑。

当天夜里回家，他推门进屋，昏暗中居然发现有人与妻子同眠，顿时怒从心头起，恶向胆边生，拔出刀来便想报复。这时，他忽然想起白天买来的智慧，心想：何不试试？

于是，他前进7步，后退7步，各3次，然后点亮了灯再看时，竟然发现那与妻子同眠者原来是自己的母亲。“智慧”使他避免了一场杀母之祸。

那位长老告诉那个暴发户的智慧便是遇事时要冷静，要控制住自己的情绪，不可头脑发热，不顾一切，以免后悔终生。

我们有理由相信，情绪控制是创造幸福人生的秘密武器。

善于控制自己的思想

情绪是人对事物的一种浅、直观、不动脑筋的情感反应。它往往只从维护情感主体的自尊和利益出发，不对事物做复杂、深远和智谋的考虑，这样的结果常使自己处在很不利的位置上或被他人所利用。本来，情感离智谋就已距离很远了，情绪更是情感的最表面、最浮躁部分，以情绪做事，不会有理智可言。

我们在工作、生活、待人接物中，却常常依从情绪的摆布，头脑一发热(情绪上来了)，什么蠢事都愿意做，什么蠢事都做得出来。比如，因一句无甚利害的谈话，我们便可能与人打斗，甚至拼命(诗人普希金、莱蒙托夫与人决斗死亡，便是此类情绪所为)；又如，我们因别人给我们的一点假仁假义，而心肠顿软，大犯错误(西楚霸王项羽在鸿门宴上耳软、心软，以至放走死敌刘邦，最终痛失天下，便是这种妇人心肠的情绪所为)。此外，还可以举出很多因浮躁、不理智的情绪等而犯的过错，大则失国失天下，小则误人误己误事。事后冷静下来，自己也会感到可以不必那样。这都是因情绪的躁动和亢奋，蒙蔽了人的心智所为。

要想把握自己，必须控制自己的思想，对思想中产生的各种情绪保持警觉，并且视其对心态的影响好坏而接受或拒绝。乐观会增强你的信心和弹性，而仇恨会使你失去宽容和正义感。如果你无法控制自己情绪，你的一生将会因其而受害。

诸葛亮七擒七纵孟获之战中，孟获便是一个深为情绪役使的人。他之所以不能胜于诸葛亮，实为人力和心智不及也。诸葛亮大军压境，孟获弹丸之王，不思智谋应对，反以帝王自居，小视外敌，结果完全不是对手，一战即败。孟获一战既败，应该慎思再出招，却自认一时晦气，再战必胜。再战，当然又是一败涂地。如此几番，孟获气得暴跳如雷。又一次对阵，只见诸葛亮远远地坐着，摇着羽毛扇，身边并无军士战将，只有些文臣谋士之类。孟获不及深想，便纵马飞身上前，欲直取诸葛亮首级。可见诸葛亮已将孟获气成什么样子了，也可想孟获已被一己情绪折腾成什么样子了。结果，诸葛亮的首级并非轻易可取，身前有个陷马坑，孟获眼看将及诸葛亮时，却连人带马坠入陷阱之中，又被诸葛亮生擒。孟获败给诸葛亮，除去其他各种原因，其生性爽直、缺乏谋略、为情绪蒙蔽，也是一个重要的因素。

情绪误人误事，不胜枚举。一般而言，心性敏感的人、头脑简单的人、年轻的人，易受情绪支配，头脑发热。

如果你正在努力控制情绪的话，可准备一张图表，写下你每天体验并且控制情绪的次数，这种方法可使你了解情绪发作的频率和它的力量。一旦你发现刺激情绪的因素时，便可采取行动除掉这些因素，或把它们找出来充分利用。

适时地调节情绪

随着竞争的加剧，人们的工作、生活压力都非常大，有人遇到不痛快的事不善于及时排解，时间一长，难免会造成心理障碍。而善于给情绪装个“安全阀”，及时“减压”，就会减少心理疾病的发生。下面就是几个上班族调节情绪的方式，也许会给你不少启发。

周小美是一家高科技企业的职员，工作性质决定了她要经常出差。别人出差总有闲暇时间去周围名胜古迹观光游览散散心，周小美却是晚上武汉的工作刚忙完，第二天早晨就飞赴广州，接着工作，常常一个月中有一半时间在外地。时间一长，她经常感到烦躁。但回京后，生活节奏一慢，又觉得挺失落，于是想借运动宣泄一下。

周小美喜欢打保龄球，每当她觉得自己又开始烦躁时，就会邀上几个同伴去打保龄球。她说："打保龄球是让人心情愉快的运动，每当我屏住气，集中精力打出一个球并得到满分，球友纷纷为我鼓掌时，我会觉得愉快多了。"

周小美通过自己喜爱的运动来排解内心的烦躁，既及时调节了自己的情绪，又获得了生活的乐趣，岂非一举两得？

阿涛是一位事业有成的中年人。他说："人都有情绪低落的时候，关键是要善于排解，别在心理上留下阴影。"他的排解方式是到酒吧坐坐，小饮几杯。

他曾碰到件倒霉事：他的工厂为外商做的衬衣因做工问题80%要返工，而发货期迫在眉睫。"我干了这么多年加工，从未出现过这么大的纰漏。为了赶合同期，大家只得昼夜不停地工作，一连三天，终于返修完了。"工作暂时没那么忙了，可阿涛这心一时还放松不了，于是，下班后他把车放在单位，打车去了西单那家熟悉的酒吧。"年轻人都爱去有乐队演奏的酒吧，图的是热闹，我是为放松一下神经，专找安安静静的场所。"每次去酒吧，颇有酒量的阿涛都要上一瓶红酒加冰块，"别的酒喝上几杯会躁，红酒的感觉是不温不火。"红酒加冰块，一杯杯细品，耳边是萨克斯演奏的音乐，轻柔、舒缓，带着点忧伤。一瓶红酒喝完，时间已过半夜，带着点微醉的感觉，打车回家，此时他的心情很平静。

看来，小饮有时也能排忧，只要能恰当排解内心的郁闷，这也是一种调节情绪的良好方式。

张丽是B型血，用她自己的话说，情绪易“大起大落，早晨还高兴，到了晚上，稍有不如意就会挺沮丧”。为了对付经常不期而至的坏心情，张丽给自己开的“药方”是购物。

月收入不算高的她，平时很少购物，把想买的东西都列在单子上，大到衣物、小到面巾纸。几经考虑后一个月也总有十几样日常用品要买。她把买这些物品的最佳时间和地点附在其后，以保证自己得到最多实惠。这张单子她随身携带，一旦情绪低沉，她就直奔商店或超市，将要买的东西大包、小包地买回家。“大多数女人排解烦恼的首选方式都是购物，购物能让女人有种满足感，在购物中，烦恼也不知不觉地没有了。”

据张丽自己说，以前她情绪不好时会不顾一切地冲进商店，有用的、没用的买一大堆，回家就后悔，那么多“鸡肋”，该往何处放。现在她自己做的购物单帮她把“疯狂”购物转为“半疯狂”购物，既满足了自己的情绪需要，又不至于太浪费钱。对于年轻女性来说，购物的确会令她们忘却烦恼，获得快乐，不良情绪由此装上“安全阀”，这也是一种好的调节方法。

好脾气带来好福气

积极的暗示有助于我们摆脱负面情绪

给予自己积极的心理暗示可以让你快速摆脱愁苦的状态。

好脾气会让身边人乐于亲近你

保持积极的情绪可以使你拥有好人缘，成为被大家所欢迎的人。

我们不能做情绪的奴隶

盛怒之下说出的话容易伤害别人，所以我们要加强控制力，避免事后后悔。

第四章　放轻松，换一个角度看世界

不怒不争做人

大千世界，每个人都有着与别人不同的利益和矛盾关系。因此，相互之间产生一些误解和分歧是难免的。如果处理不当，就会发生纠纷、冲突和伤害；如果能够认识到人与人之间的差异性，并且采取不怒不争的方法，自然冲突和伤害就会减免。

但在现实生活中，很多人觉得不怒不争是吃亏、丢面子、懦弱的表现，因此一旦与他人意见相左，或者触及自己的利益时，就会争得鱼死网破，头破血流。由此可见，人与人之间的摩擦会升级，往往就是因为双方不懂得不怒不争的道理，有一点儿小矛盾就丧失理智，导致悲剧的发生。

一般来说，在社会生活当中发生矛盾，双方都是有责任的，但是作为当事人，如果能做到不怒不争，就可以摆脱许多无原则的纠纷和不必要的争吵。苏轼有句很精辟的话："匹夫见辱，拔剑而起，挺身而斗，此不足为勇也。天下有大勇者，卒然临之而不惊，无故加之而不怒。"遇事要冷静，思前想后，考虑清楚利弊，以退为进，就能做到海阔天空。

有人认为：不怒不争是一种无奈，是一种无能力的表现。人年轻，火力旺盛，总想与人争个高低，争个上下。但随着年龄的增长，阅历的增加，在遭受了一次次的打击后，终于明白“不怒不争并非是懦弱的表现，而是一种做人的境界”。这时，不怒不争便成了灭火器，浇灭了心中抗争的火焰，浇灭了随时都会引燃的导火线。

老子的《道德经》云：“天之道，不争而善胜，不言而善应，不召而自来。”又云：“夫唯不争，故天下莫能与之争。”很多商业人士，如张瑞敏、马云等正是有这样的感悟，在如战场的商场中，在带领千军万马与敌人恶战中，用他们的经营经历，为中国古典哲学中蕴含的经商之道作了最好的注解。他们不去争抢那些华而不实的虚名，诠释了“不争”的智慧。

很多“敌人”都是我们想出来的。和自己的过去斗，纠结于过去的经历，懊悔、痛苦；和现实斗，不满现状，总是期待着“天边的玫瑰园”；为了往上爬和同事斗、为了更大的市场份额和同行斗、为更大的房子斗、和旁边的车子抢道而斗……我们总是那么好斗，总是认定弱肉强食的丛林法则。我们都自觉懂得几千年前的老子告诉我们的“夫唯不争，故天下莫能与之争”的道理，但是在心底仍然认为，别人总和我斗，我不斗就会被淘汰，被挤压，被边缘，这是很可怕的。其实，不争不是做老好人，不是唯唯诺诺，也不是步步后退，不争是为了双赢和多赢，不争是为了更和谐的关系。不争，很难！正因为其难，才是我们要追求的方向。

转变视角，赢得快乐

人的一生总会有各种各样的经历，有些事情可以让我们欢喜，有些事情却让我们忧伤。无论是快乐还是不快乐的事情，其实都是我们人生旅途中一道不可或缺的风景，正是因为有了它们的存在，才让我们感觉到生活是五味俱全的，其中的滋味不仅有甜还会有苦。只有尝过甜蜜和苦涩的人，才是真正懂得生活的人，真正能体会到人生真谛的人。其实，快乐中包含有酸甜苦辣，细细体味，别有一番滋味在心头。

很多时候，我们为了快乐而找寻快乐，可当自己真正抓住这来无影去无踪的快乐时，就会猛然顿悟，其实快乐就是一种自我感受。当心情是灰色的时候，世间的一切就是灰暗的；当心情是清澈的时候，世间的一切又变成明朗的。对于同一件事，由于视角不一样，就会产生不同的感受和感悟，快乐一直都是存在的，关键在于你懂不懂得去把握，懂不懂用快乐的视角去找寻快乐。

快乐存在着不同的种类而不单单只有程度的区分。人从呱呱坠地至耄耋之年，要历经坎坷风雨，品尽人生百味。不管怎样，我们还是要在平淡与苦涩中找寻快乐，为生活添彩。如果快乐就在身边，就去努力抓住，拥抱快乐；如果正在承受痛苦，就要试着改变自己的视角，用心去体会其中美好的一面，亲吻快乐。任何一个人都不敢说自己的生活中没有一点苦痛，永远是快乐的，但是有的人却始终对人生持有积极乐观的态度，用赞美的心情去生活。因为聪慧的人知道，世间万物都包含了苦和甜，从苦中提炼出的欢乐是最美丽的凯歌。

菲里普斯说：“什么叫作痛苦，痛苦是到达佳境的第一步。”痛苦与快乐是一对不可分割的孪生姐妹，如何看待和对待她们，是一门很大的学问。

在失落和伤痛中找寻快乐，体味快乐，在生活中将不快乐的因素过滤掉，留下快乐的笑声，用广阔的胸襟去面对每一天。凡事都没有统一的分界线，乐观和悲观、快乐与不快乐也并非能一言论之。一个人的价值观、人生观、世界观和自己的心态、观察事物的角度，都能影响到人感受快乐的程度。其实，快乐与不快乐，就是人潜意识内的思维模式和考虑问题的方法，“所有的苦痛大多来源于人的内心，属于某种自我心理暗示”。不论客观环境和条件是否艰苦，只有你内心感觉到不快乐才是真正的不快乐。反之，你通过转变视角或者换位思考，认为外在因素中包含着快乐因子，那么你所感受到的，就是每天都有灿烂的阳光，快乐指数立即会迅速增长。

如今，外界环境会在无形中给人们带来一种压力，这种潜在的压抑心情的因素，时时刻刻都会存在。快乐过是一天，不快乐过也是一天，在人有限的生命和精力中，为什么不能让自己快快乐乐的，做个精神焕发的人呢？

做真正的自我

Levi's 曾用过这样的宣传口号："Stay True"（即"坚持真我"之意）。这两个原本简单的生词，拼合在一起却别有一番深意。

有这样一个真实的故事：

> 有家影视公司的老板看中一位身着廉价衣服、不施脂粉的女孩。这位女孩来自美国洛杉矶的一个蓝领家庭，她从没看过时尚杂志，也没化过妆，要与她谈论衣着品位等话题，简直是对牛弹琴。其实这些都不算什么，她最与众不同的地方是，她左脸颊处有一块黑色胎记。可公司的老板偏偏要与这个带着乡村气息的女孩签约，希望能把她包装成一名模特。
>
> 然而，即便老板一次次向商家推荐女孩，但每次都碰壁而归，有的商家说她不够高贵，有的说她气质不佳，有的说她不符合产品定位……其实真正的原因就是她脸颊的黑色胎记。老板仍不放弃，他要把女孩及胎记一并销售出去。他给女生做了一张合成照片，小心翼翼地把那块胎记隐藏在阴影里，然后拿这张照片给经纪公司看，对方果然满意，马上要见本人。结果女孩一来，对方发现"货不对版"，便当即指着女孩的胎记说："你把这块胎记弄掉再

来吧！”

其实这块胎记可以通过一个小手术解决掉，无痛且省时，但女孩却不同意，她反问对方：“你在说什么？我为什么要弄掉?”对于女孩的坚持，老板也很赞同，他坚定地对女孩说：“你千万不能去掉这块胎记，以后你出了名，全世界就靠这块胎记来记住你。”果然，两年后，这个女孩在美国模特界小有名气，走秀邀请、广告合同都纷至沓来。她的黑色胎记也被大家视为个性的象征。

曾有记者让女孩讲述自己的星路历程，女孩说了这样一段话：“我很庆幸自己遇上一位慧眼识珠的老板，不然我今天顶多也就是一个庸俗的美人，拍几次廉价的广告，而后淹没在繁花似锦的美女阵营里面，难有出头之日。”女孩的成功在于她始终坚持真我，没有随波逐流，没有任人摆布。可见，她深知套用、效仿一个不适合自己的模式难以获取成功，同时也难以让自己的心灵得到解放和慰藉。

要活就要活得像自己。如果一个人活着却忘了本，那么他不过是一副丢了灵魂的躯壳。在这个世界上，没有原则，没有追求，没有立场，甚至连最基本的性格都没有的人，只能沦为受人摆布的傀儡。可以说，人只有保持自我本色，坚持真我个性，并顺其自然充分发展自己，才是最明智的选择。

欧洲文艺复兴时期的意大利天文学家布鲁诺，若不是敢于坚持真我，敢于捍卫和发展哥白尼的“太阳中心说”，那么宇宙无限的说法不知要到何年何月才能被世人所接受；美国黑人民权运动的领袖马丁·路德·金，若不是心中拥有强烈的信念，若不是敢于坚持真我精神，时刻保持坚强与纯洁的心灵，那么世界上就不会出现《我有一个梦想》如此震撼人心的演讲，而且后来的诺贝尔和平奖得主也不会有他；再看看鲁迅先生，若不是他坚持真我，便不会远赴日本学医救国，也不会弃医从文，选择用文字的利剑来揭露罪恶，拯救苍生，若不是他坚持了自我，哪里还有《自嘲》中“横眉冷对千夫指，俯首甘为孺子牛”的铿锵，哪里还有“寄意寒星荃不察，我以我血荐轩辕”的大无畏精神……这些伟人在人生的征途上，有过苦难，有过打击，有过诱惑，但一切都没能抵挡住他们心中那种坚持真我的信念。虽然伟人们的成就是我们这些常人难以企及的，但我们却能像伟人一样拥有坚持自我的信念与权利，谱写自己的华彩乐章。

每个人都有自己的独特价值，因此我们要学会坚持真我。而坚持自我，就要能够直面真实的自我，排除外界的一切干扰，敢想、敢做、不随波逐流！在未来的日子里，希望每个人都能怀揣一颗炽热的心，背负一个美好的梦想，带上最诚挚的信念，排除外界一切干扰，坚持真我，完善自己的人生！

试着勇敢面对所有事情

在人生的旅途中，每个人都不可避免地会遇到一些令人不快的情况，我们不妨把它们当作一种既成事实加以接受，并且耐心地去适应它。当然，你也可以选择焦虑来毁了自己的生活，甚至把自己搞得精神崩溃，忧郁而终。

英王乔治五世命人在他居住的白金汉宫的墙壁上挂着这样一句话："教我不要为月亮哭泣，也不要因错事后悔。"荷兰首都阿姆斯特丹有一所建于15世纪的老教堂，在它的废墟上留有一句类似的话："事情既然已经这样，就不会另有别样。"

事实上，在无法改变的情况下，人几乎都能很快接受任何一种难以接受的情形，或让自己慢慢适应，或者整个视而不见，把它当作本来如此。生活在俄勒冈州波特南的伊丽莎白·康娜莉，经过很多曲折之后终于领悟了这一点，下面是她讲述的自己的经历：

"在美国欢庆陆军在北非获得胜利的同一天，我接到国防部发来的一封电报，说我最爱的侄儿在战场上失踪了。不久，又来了一封证实他已经牺牲的电报。

"这个消息使我悲伤到了极点。在此之前，我一直觉得命运对我如此优待，我有一份理想的工作，凭着自己的努力养育了这个可爱的侄儿。在我看来，他集中了年轻人所应有的优点。我觉得自己的努力得到了最好的回报……然而，却收到了这样的电报，我万念俱灰，感到再也没有值得活下去的理由。于是，我开始漠视自己的工作，漠视朋友，我对一切都失去了兴趣。

"然而，就在我万念俱灰，准备辞职的时候，突然看到了一封我以前忘记看的信——那是我已经死去的侄儿寄来的信。那是在我母亲去世的时候，他给我写来的一封信。'当然我们都会想念她的，'那封信上说，'特别是你，不过我知道你会挺过去的，以你个人对生命的理解，对人生的看法，你肯定会挺过这一关的。我永远也不会忘记你教我的那些美丽的真理：不论活在哪里，不论我们距离有多远，我永远都会记得你教我的要笑对生活，要像一个男子汉一样承受所发生的一切。’

“我反复读着那封信，恍惚中觉得他就在我的身边，好像在对我说：‘你为什么不照你教给我的办法去做呢？挺下去，不管发生什么事情，把你个人的悲伤藏在微笑底下，好好活下去，一切都会好起来的。’

“于是，我又开始工作，再也不对人冷漠无礼了。我一遍又一遍告诉自己：‘事情已经到了这个地步，我没有能力去改变，不过，我能够像他所希望的那样继续活下去。’我把所有的思想和精力都用在工作上，我写信给前方的士兵——给别人的儿子。晚上，我参加成人教育班——要找出新的兴趣，结交新的朋友。我几乎不敢相信发生在我身上的种种变化。我不再为过去的那些事悲伤，现在我每天的生活都充满了快乐——就像侄儿希望我做的那样。”

伊丽莎白·康娜莉终于学会了接受和适应那些已经无法改变的变故，从悲观厌世中解脱了出来。

很多时候，当事情还没有发生时，我们设想着无法承受。但是，当这件事已经变成了一种无法改变的现实时，我们却发现自己有能力应付它。这也许就是“置之死地而后生”的道理吧。有一位名人生前常说：“人生加诸我的任何事情，我都能接受，除了瞎眼，那是我永远也没有办法忍受的。”

在塔金德60多岁的时候，他的视力开始急剧下降，有一天他瞎了一只眼睛，另一只眼看东西也极为吃力，常感觉有黑斑在眼前晃动。他最恐惧的事情终于降临到自己的头上了。

面对这种“所有灾难里最难忍受的事”，塔金德自己都没有料到他还能那样开心地活下去，有时甚至还能借此幽默一下。以前，由于浮动的黑斑遮挡他的视线，总令他很难过，可是现在，当那些最大的黑斑从他眼前晃过的时候，他却会微笑着说：“嘿，又是黑斑老爷爷来了，不知道今天这么好的天气，它要到哪里去。”

塔金德完全失明之后，他说：“我发现我能承受视力的丧失，就像一个人能承受任何事情一样。即便我五种感官全都丧失了，我相信我还能够继续生存于自己的思想之中，因为我们只有在思想里才能够看，只有在思想里才能够生活，无论我们能否明白这个问题。”

塔金德为了恢复视力，在一年之内接受了12次手术，这在常人看来简直是很难忍受的。在他必须接受手术时，他竟还试着使大家开心。“多么好啊，”他说，“多么妙啊，现代科学发展得如此之快，能够在人的眼睛这么纤细的部位动手术。”

普通人如果要在短时期内忍受12次以上的手术，可能早就让疾病折磨得奄奄一息了。可塔金德却十分乐观：“我可不愿意把这次经验拿去换一些更开心的事情。”这件事教会他如何接受突发的灾难，使他了解到，生命带给他的一切他都能承受。由此使他领悟了约翰·弥尔顿说的：“瞎眼并不令人难过，难过的是你不能忍受瞎眼。”

如果发生的变故无论我们如何做也于事无补，这时我们可以尝试改变自己。这是不是说，在碰到任何挫折的时候，我们都应该低声下气呢？当然不是，那样就与宿命论者无异了。如果事情还有一点挽救的机会，我们就要去争取。可是当常识告诉我们，事情已经不可逆转，也不可能再有任何转机时，我们只能改变自己，让自己接受既成事实，来适应已改变的状况。

创设了潘氏连锁店的潘尼说："哪怕我所有的钱都赔光了，我也不会忧虑，因为我看不出忧虑能让我得到什么。我会尽全力把工作做好，无论结果如何，我都欣然接受。"

的确，世界上没有谁能有超人的力量，既能抗拒不可避免的事实，又能创造崭新的生活。但是，你可以选择坦然接受，也可以因抗拒它们而忧郁至死。

当初，制造轮胎的人想要制造出一种能够抗拒道路颠簸的轮胎，然而这种轮胎并不耐用。于是，他们研制出一种能顺应路面颠簸的轮胎来，以吸收路上所碰到的各种压力。这样的轮胎果真十分经久耐用。在曲折的人生旅途上，假如我们也能够承受所有的挫折和不顺，我们就能够活得更加自在，也能享受到更美的人生！

偶尔哭一场，释放压力

目前，大部分人认为，面对失落与伤痛，痛哭、大吵大闹等发泄方式都是不坚强、无能的表现，对走出伤痛与失落来说是不利的。然而，事实却是，“乖，不哭了”是真正不利于走出伤痛与失落的；而选择一种正确的方式来发泄心中的负面情绪，对于伤痛与失落中的人是非常必要的。

要知道，在伤痛与失落中，人的内心会产生许多负面情绪，诸如焦虑、沮丧、担忧、怨恨等，压抑这些情绪或许可以暂时解决问题，但是却等于逐渐关闭了心门，让人变得越来越不敏感。虽然我们可以凭此暂时不受到负面能量的影响，但是却会因此逐渐失去真实的自我。于是，我们变得越来越冷漠，越来越不关心别人，在不知不觉中，由于压抑的情绪造成的这种态度，终将影响我们的生活。

在伤痛、失落中，我们尤其要注意不要压抑了自己的负面情绪。比如，很多处于伤痛、失落中的人会不断地告诉自己，难过是不值得的，以此否定、压抑所有的负面情绪。其实，这样的做法十分不明智。虽然通过自我对话来处理问题并没有什么不对，但不应该一味强化理性，压抑感情，这样在不知不觉间，人就会背负沉重的心理负担，等到自己发现时，往往已经不堪重负。

一个具有快乐生活智慧的人，能够定期排除负面能量，尤其是处于伤痛和失落中时，不会依靠压抑情感来解决情绪问题。快乐需要用心去体会，我们需要学会排解负面情绪，不能压抑情绪，并因此让心失去体会的能力。所以，积极地寻找适合自己情绪发泄的方法是很有必要的。

一天深夜，一个陌生女人打了一个电话，她说：“我恨透了我的丈夫。”

“你打错电话了。”对方告诉她。

她好像没有听见，滔滔不绝地说下去："我一天到晚照顾小孩，他还以为我在享福。有时候，我想让他陪我出去散散心，他都不肯；自己却天天晚上出去，说是有应酬，谁会相信！"

"对不起，"对方打断她的话说，"我不认识你。"

"你当然不认识我。"她说，"我也不认识你，现在我说完我想说的话，舒服多了，谢谢你。"她挂断了电话。

不得不说，上例中的女子是聪慧的，丈夫的冷落让她觉得失落、伤心，让她产生了猜忌、抱怨等负面情绪，她知道这样的心情不适合向丈夫发泄，也不能说给周围的人听，于是她给陌生人打了个电话，在电话中尽情地宣泄心中的猜忌、抱怨，进而平复了心情，减轻了失落所带来的伤害。生活中的我们，不妨也学一学这位聪慧的女子。

一般来说，排解负面情绪的方法有很多，但最好的方法是"哭出来"。如果这与我们"不哭"的认知存在矛盾，那么我们首先要改变一下自己的看法。哭泣并不一定代表软弱，别人不会因为我们哭泣就认为我们能力不足或者不堪一击。很多时候，哭泣不仅是排泄情绪、宣泄痛苦的好方法，而且还有利于我们解决伤心的事。

首先，哭是维护健康的排毒武器，眼泪会将人体内的毒素有效地排出体外，尤其是当人极度悲伤或极度压抑的时候，其排毒效果更佳。因此，健康专家们建议，不要强忍泪水，那样实在跟"慢性自杀"没有什么区别。

其次，哭也是一种释放压力和情绪的武器。人生来自己做的第一件事就是哭泣。既然是与生俱来的本领，又何必非要弃之不用呢？ 专家指出，人在哭过之后，负面情绪强度会降低40％，也就是说，哭的确可以让人的情绪得到舒缓。 就像闷热、烦躁的夏天需要下一场雨才能让温度降低、空气清新，甚至出现彩虹一样，情绪压力也需要释放出来才好。 当然，很多时候我们习惯了隐忍，有时反而会哭不出来。 那没关系，你可以采用主动方式让自己痛哭一场，比方说切洋葱、吃芥末、看悲情电影等，总之，让自己的眼泪流出来就行。

最后，哭是一种示弱的信号，能缓解处于伤痛与失落中的人本能地散发出来的对周围人的抗拒和敌意。

换个角度想问题

积极的情绪让人幸福

当你感到生气时，平心静气，换个角度想问题，你就能收获快乐与平和的心境。

人要往积极的方向看问题

对于同一件事，积极思考的人会获得更多快乐，一味地抱怨、发怒根本解决不了问题，还会给身边的人带来负能量。

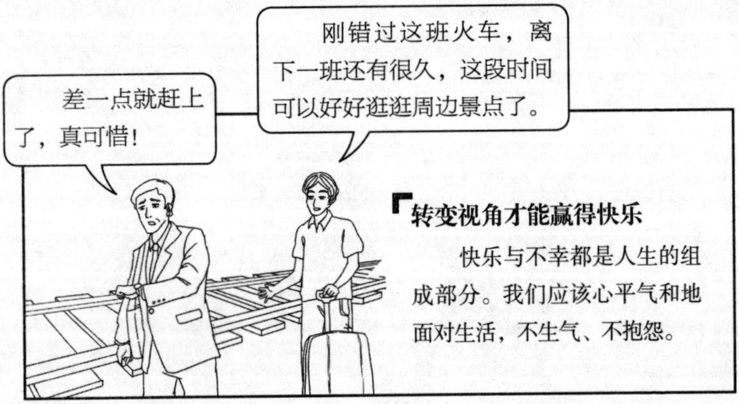

转变视角才能赢得快乐

快乐与不幸都是人生的组成部分。我们应该心平气和地面对生活，不生气、不抱怨。

中篇
不计较：别跟自己过不去

扫码点目录听本书

第一章　放开心胸，得到的是整个世界

扫码点目录听本书

胸襟的大小可以丈量你的世界

豁达大度的胸怀在为人处世中非常重要。简单地说，就是要我们在日常为人处世中包容别人。人的气量就像盛水的容器，大容器盛水多，小容器则盛水较少，有漏洞的容器注满水会全部漏掉，那么，容器里就没有水了。

古人云：“大度集群朋。”一个宽宏大量的人，他身边必然会有很多知心朋友。对人、对友能“求同存异”是为大度，不以自己的行为标准要求别人，交友的标准只是事业上的志同道合。大度也表现在能够听取别人的意见，尤其是能够听取与自己相左的意见。

大度也需要能够容忍朋友的小错误，例如朋友冒犯了自己，自己仍旧可以把这个人当作最好的朋友。大度更需要能够虚心，能够做到有错即改，而不是找借口；和朋友闹得不愉快的时候，能首先自省，而不是千方百计地推卸责任。大度的人，是关心、帮助、体贴他人的人。

在小事上不较真也是气量大的表现，这种人不会把小事放在心上，斤斤计较。人活一辈子，遇到这样或那样使人不快的小摩擦、小冲突不可避免。如果因为别人不小心冒犯了自己就斤斤计较，记在心里，睚眦必报，这样只会使自己越来越孤立。“私怨宜解不宜结”，在处理朋友关系时，这是非常重要的道理。“大事清楚，小事糊涂”，在小事上不计较是一种好的习惯。朋友之间应该心无芥蒂，互相信赖和谅解，有建议的时候应当立刻提出来，这样彼此之间才不会有那么多的成见。很多年轻人之间容易结下梁子，就是因为心胸太过于狭隘，容易纠缠于小事，时间一长，鸡毛蒜皮的小事也会让朋友之间变得水火不容，继而反目。在小事方面，如果你能做到海纳百川，你就不会受到损失，反而会得到大家的敬佩。

刘邦的谋臣韩信，年轻的时候穷困潦倒，市井里有人欺辱他，故意逼他从胯下钻过去。后来韩信当上刘邦的大将军，却没有杀了这人，而是给他官做，授他金银，此人大为感动，结果私怨消除，最后此人还曾舍命保护过韩信。韩信的“以德报怨”，相比某些青年动不动就“以眼还眼，以牙还牙”，孰高孰低，一眼即可看出。

想要鉴别一个人的气量，心气平和时一般鉴别不出，一旦他与人发生争执和矛盾时，就能很快看出来了。那些气量宽大的人，不把小事放在心上，即使面对那些对自己态度恶劣的人也一样。但是气量狭小的人，却想处处逞强，贪图小便宜。他们在和别人争论时，认为自己更有理有据，只有自己成为胜利者的时候才会觉得开心，才会较容易谅解对方；一旦自己理亏，不能成为成功者，则容易被激怒，对人怀恨在心，这种表现就源于气量狭小。试想，朋友之间怎能避免争论？真正豁达大度的人，不会因为跟朋友争论问题而对其怀恨在心，也绝不会因为自己不占上风就恼羞成怒。

对人谅解往往能体现宽宏的度量。要想面对不顺心的事时能够克制自己的脾气，就需要使自己习惯于原谅他人的缺点和过失。与人打交道，不能算得太清楚，“水至清则无鱼，人至察则无徒”，苛求别人，将最终导致自己越来越孤立。

社会上有各种人，有的讲理有的不讲理，有人博学，也有人无知，有人涵养好，也有人没涵养，我们不能把自己的行为准则和习惯强加在别人身上。想要真正做到豁达大度，就需要能够宽容那些不怎么懂事、度量小、修养浅的人，尤其当他们冒犯自己时，能换位思考，谅解他们。所以说，那些心胸宽广、豁达大度之人，都是宽厚和蔼、人情练达的人。

一个人宽广的胸怀从根本上造就了其豁达的度量。一个没有远大理想和目标的人，他的心胸就会越来越窄，马克思就曾这样形容这些人：一个人愚蠢庸俗、斤斤计较、贪图私利，就总是觉得自己吃亏。有时候，一个粗俗鄙陋的人，往往会因为路人不经意地看了几眼，就认为别人卑鄙可恶。

只关注自己私利的人，怎能有豁达的胸怀和度量？“心底无私天地宽。”一个人要从个人私利的小圈子中冲出来，心中抱着更远大的目标，才能有宽广的胸怀领略海阔天空的美景。

豁达的人生源自一颗懂得宽容的心

每个人都需要宽容，因为宽容能教会我们对生命充满感恩，对情谊充满敬重。宽容是一种风采，但是需要行动来践行。宽容能够唤醒我们的良知，可以使自己更加坦然。用宽容来代替责骂和不解，我们才会得到豁达的心胸和别人的尊重。

美国有位总统叫福特，他在大学里是一名橄榄球运动员，有一个非常棒的身体，他入住白宫时已经62岁，但仍然保持着强健的体魄。即使当了总统，他仍旧坚持滑雪、打高尔夫球和网球，而且这几项运动他都很擅长。

1975年5月的一天，他访问奥地利，飞机抵达萨尔茨堡，他走下舷梯，很巧的是，地面上有一个隆起的地方，他滑了一下然后就摔倒了。但是他没有受伤，并且还立马跳了起来，但是没想到的是，福特这次跌倒竟成了一项大新闻，记者们开始宣扬这件事。当天，在丽希丹宫参观时，因为下过雨，长梯湿滑，他在梯子上滑倒两次，差点又要跌下。于是播散开一个奇妙的传闻：福特总统总是笨拙得像一只熊，行动迟缓。

从此以后，只要福特跌跤或者撞伤头部或跌倒在雪地上，那些记者总是大肆渲染，把消息扩散到全世界。结果，更令人想不到的是，他没在媒体面前摔跤也是新闻。哥伦比亚广播公司有记者曾这样说："我期待着福特可能伤到头，或者扭着腰，甚至受一点轻伤，这样能吸引读者眼球。"记者们如此添油加醋，似乎想给人们留下这样一种形象：福特总统一直是那么的笨拙迟钝。在电视节目录制中，主持人还和福特总统开玩笑，作为喜剧演员的切维·蔡斯就曾经在《星期六现场直播》的节目里拿总统滑倒和跌跤的动作进行模仿。

对于这些新闻，福特的新闻秘书朗·聂森十分不满，他对记者们愤怒地说：“总统是健康而且优雅的，毫不夸张地说，他是我们有史以来的总统中最健壮的一位。”

但是福特表示：“我的职业是活动家，相比于其他人，活动家更容易跌跤。”

即使有很多玩笑，福特也泰然处之。1976 年 3 月，在华盛顿广播电视记者协会年会上，他还同切维·蔡斯同台表演。在节目开始时，蔡斯先出场。当乐队奏起《向总统致敬》的乐曲时，他不小心被绊倒，跌倒在地板上，一直滑向另一端，头还撞上了讲台。这个时候，在场的观众都捧腹不止，总统也跟着笑了起来。

接着轮到总统出场了，蔡斯却站了起来，假装自己被餐桌布缠住了，使得碟子和银餐具都掉了下来。他假装把演讲稿放在乐队指挥台上，可不小心把稿纸弄掉了，散落一地。观众又大笑起来，但是福特总统却满不在乎，向蔡斯说道：“您不愧为一个真正的滑稽演员。”

生活是离不开睿智的。但如果你不够睿智，那么至少可以豁达一些。如果看问题时心态乐观、豁达、宽容，事物美好的一面就出现在你面前；若看问题时心态悲观、狭隘、苛刻，那么总会看到灰暗的一面。被关在同一个监狱的两个人，每天通过一面铁窗看外面的世界，一个看到的是美丽浩瀚的星空，另一个却只看到地上的垃圾和烂泥，这就是不同之处。

面临嘲笑，勃然大怒是大忌，对嘲笑之人谩骂，这样只会让人觉得你更可笑。想让对自己的嘲笑平息下来，一笑了之是最好的做法。 一个人如果拥有坚定的目标，他是不会在意别人的评说的；相反，他会坦然接受一切非难与嘲笑。 伟大的心灵是静水流深，只有狭隘的人才会像青蛙一样，整天喋喋不休。

狭隘限定发展的格局

狭隘是禁锢心灵的地狱，狭隘的人会忌妒别人的优点，并以此折磨自己。 这样我们看到的只有“年轻的脸上布满沧桑”的无力感。 心灵狭隘不仅仅会破坏友谊，不利于团结，还会伤害他人，让自己的心灵也处于水深火热之中，甚至残害自己的身体。 生气、嫉妒这种狭隘的情绪很不健康，因此我们要杜绝这种狭隘。

那些心胸狭隘的人，身心很不健康，失望、懊恼经常充斥于狭隘的内心，甚至会陷入绝望、抑郁的泥潭，无可救药。 所以，要想拥有健康的身体、功成名就，就需要宽容大度。 南宋著名诗人陆游有句诗叫：“长生岂有巧？ 要令方寸虚。”就是说长寿的秘诀在“气”，做人也是如此。 其实无论是保健，还是养生，最关键的就是“养气”，即要使自己有一种海纳百川的气量。

摆脱偏狭才能收获高贵的品格，既能使自己心胸宽广，还可以征服他人。

一位书店经理名叫卡莱尔，有一次他无意间看到了一封信，信上是一个店员对他极尽辱骂讽刺的话，骂他的经理当得很差劲，甚至还说希望副经理赶紧把他赶走。卡莱尔看完信，便拿着信来到老板的办公室。他对他的老板说道：“作为经理我虽然没什么才能，但是我非常自豪的是我能雇到一位有才干的副经理，甚至我的店员们都觉得他在我之上，这怎能不令我自豪呢?”卡莱尔是真的一点也没有妒忌副经理，没有因为店员的辱骂而抱怨、诋毁他人，只是为自己有识人之明而感到自豪。老板很赏识他，不但没撤换他，反而更为重用。卡莱尔之所以得到重用，是因为他能做到直面别人对自己的意见，乐于倾听负面的声音。

狭隘的人，无论是其心胸、气量抑或是见识都很狭窄，让人感觉不舒服。所以我们要多多接触他人，让自己认识各种各样的人，累积起丰富的经验，才能使自己更明事理。其实，一个人是否具有高贵的价值，关键是他的品性。

为什么绿叶甘做红花的陪衬？因为绿叶震撼于花的美丽。一个老板可以出高薪让员工为你工作，同时高薪也会让员工离你而去，一个有德行的老板能够做到，而有钱的老板不一定能够做到的就是——让员工的心永远属于你！同理，在一群竞争者中美德会让你脱颖而出，使很多比你能力强的人成为你的手下败将。

也许你会觉得自己很平凡，但是如果你拥有令人赞赏的品性、品格，那么你的人生也会有不一样的精彩，你会摆脱平凡，迎来成功。尽管斗转星移，世事变幻，但人的品格依然最能打动人。要相信，所有的不幸都会在品格面前变得渺小。要想获得真正意义上的成功，即精神上的永恒，必须拥有美好的品格。

苛求他人，等于孤立自己

每个人都有自己的闪亮之处，当然也有自己的不足。如果总是苛求别人，那么想要交上真心朋友将会非常困难。在这方面，曾国藩是我们的榜样，他有一句话是这样讲的：“概天下无无瑕之才，无隙之交。大过改之，微瑕涵之，则可。”意思是说，不存在一点缺点的人是没有的，也没有不存在嫌隙的朋友。大错改正，小错包容就可以了。就这样，曾国藩做到了宽容和谅解别人。

那年，曾国藩在长沙求学，他有一位性情暴躁、很不友善的同学。曾国藩的书桌靠近窗户，这个同学就说：“教室里的光线经由窗户射进来，你的桌子在窗户的前面挡住了光线，我们怎么看书啊?”他要求曾国藩挪开桌子。曾国藩也不争论，就把桌子搬到了角落里。

曾国藩学习刻苦，每到深夜还在用功读书。那位同学又有意见：“这么晚还在读书，你打扰了我们休息，第二天怎么上课?”曾国藩听后，就不大声朗诵，只是默记。

没过多久，曾国藩中了举人，那人又说：“还不是因为他把桌子搬到了角落！是他把我的好风水带到了角落，他能考中举人是因为沾了我的光。”别的同学都为曾国藩抱不平，觉得那位同学真是欺人太甚。可是曾国藩丝毫不以为意，还劝别人说：“这个人就是那样，他喜欢就让他说，与他计较什么。”

成大事者，需有广阔胸襟。在与人相处时，他们不仅不会计较别人的短处，而且还会平和地对待别人的长处，学习别人的优点，发现自己的缺点。若是只看得到别人的短处，那么这个人看到的则全是丑恶，别人的美好在他眼中不值一提。与人相处，发生矛盾在所难免。如果斤斤计较，得理不饶人，只会浪费自己的精力。与其在小事上喋喋不休，还不如把眼界放宽，宽容别人，这也能使自己留出更多的精力去从事有意义的事。

有一位禅师在山中茅屋中修行，一天夜里，月光皎洁，禅师散步于林中。当他喜悦地走回住处时，发现小偷正在光顾自己的茅屋。小偷找不到任何财物，将要离开时，遇见了回来的禅师。原来，禅师不想惊动小偷，就一直等在门口。他知道自己没有值钱的东西，就脱下外套拿在手上。

小偷看到了禅师，感到非常惊愕，禅师对小偷说：“山路崎岖，你大老远来看望我，空手而归多不好啊！夜深露重，你穿上这件衣服吧！”禅师把衣服披在了小偷身上，小偷又惊又羞，灰溜溜地走了。

看着小偷的背影穿过明亮的月光消失在山林之中，禅师缓缓地说：“真是可怜，让我送他一轮明月吧！”

禅师看着小偷渐渐离开，因为没有衣服，就赤身打坐。就着窗外的明月，禅师进入空境。

第二天，禅师起床开门，发现昨晚送给小偷的外衣整齐地叠好放在门口。禅师觉得很开心，缓缓地说："他确实收到了一轮明月！"

看见小偷，禅师没有责骂他，也没有报官，而是宽宥了他。小偷能醒悟过来，贡献最大的是禅师的宽容。因此，相对于强硬的反抗，宽容更具感召力。但是，我们常常喜欢争个高下，理个明白，可能因为说话时态度尖刻，于是两个人就吵了起来，甚至头破血流。

试想，舌头和牙齿怎么可能没有摩擦呢？但是有时稍稍忍耐一下，一切就会过去。出现矛盾，并不是谁有意为之，只要给予包容，大家都会主动认错，我们也就会少很多麻烦。

己所不欲，勿施于人

孔子有个学生叫子贡，有一天他问孔子："有哪句话可以作为终生奉行不渝的法则呢？"孔子的回答是："其恕乎！己所不欲，勿施于人。"意思说，有些事情，自己都不喜欢不能接受，就不要勉强别人。遇事要学会换位思考，多体谅一下别人，就能更好地为人处世。一个人的修养从中可以窥见一斑。

想要钓鱼，首先要知道鱼儿喜欢吃什么。很多人都钓过鱼，应该知道选择鱼饵很重要，依据不是钓鱼者的口味爱好，而是鱼儿的口味。万事万物都是相通的，与人交往也一样，那些了解自己、与自己有相似喜好的人，我们乐于交往。可是我们也需要将心比心尊重他们的喜好和他们的习惯。

以己度人，推己及人是一种好习惯，处理问题和与人交往中能做到这些，就会更容易获得尊重，更容易与人和谐相处，化敌为友。

社会上，很多人，尤其是一些涉世未深的青年，他们对社会茫然，总是小心翼翼，渴望找到参照物来规范和约束自己。这是比较正常的反应，但是如果把这种规范当作刻板的规则，可能会适得其反。

这个时候，你就可以把“己所不欲，勿施于人”的原则运用起来。在平时的学习和工作中，多问问自己：做了这件事会有什么样的后果呢？自己可以忍受吗？如果连自己都不愿意接受，那么别人肯定更不愿意了。

有人曾说：“一个能从别人的角度看问题，能了解别人心灵活动的人，那就会前途一片光明。”经常站在别人的立场，学会体谅别人，生活中的摩擦就会变少，人与人之间也会越来越亲密。

生活中要多一些豁达

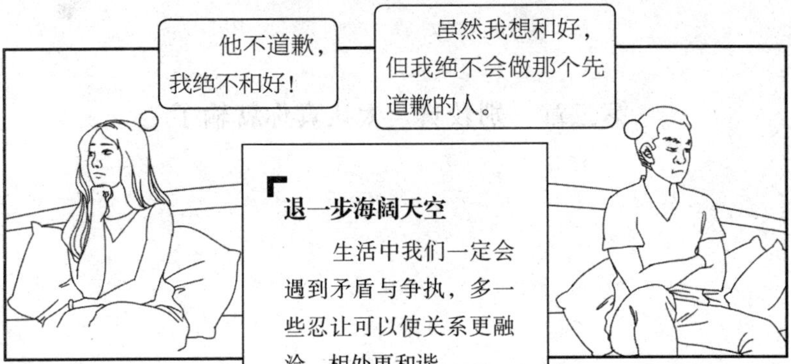

退一步海阔天空

生活中我们一定会遇到矛盾与争执，多一些忍让可以使关系更融洽，相处更和谐。

人要心胸豁达，不斤斤计较

我们想收获良好的人际关系，首先要学会多去包容和体谅他人，退一步海阔天空。

用包容化解人际关系的摩擦

原谅他人的小过失可以让彼此都免于陷入无止境的争执，获得他人的喜爱与尊重。

第二章　别较真，太认真你就输了

不要拿别人的错误来惩罚自己

德国古典哲学家康德曾说：“生气，是用别人的错误来惩罚自己。”在我们生气的时候，那个让我们生气的人一定会因为我们生气而被惩罚吗？ 他一定会因为我们生气而立即改正吗？ 与其用别人的错误来惩罚自己，不如让自己放宽心态，忽略那些扰乱我们心灵的浮尘。 错误是由他人造成的，不在我们自身，所以不该由自己来承受错误的结果。 理解了这些，心境就会豁然开朗。

有一天，佛陀在寺庙里静修的时候，一个叫婆罗门的人破门而入。因为其他人都出家到佛陀这里来了，而婆罗门却门可罗雀，这令他很生气。

佛陀安静地听完他的无理乱骂之后，轻语问道：“婆罗门啊，你的家偶尔也有访客来吧?”“那是自然，你何必问此!”“那个时候，你也会款待客人吧?”“那还用说!”“假如那个时候，访客不接受你的款待，那么那些做好的菜肴应该归于谁呢?”“要是访客不吃的话，那些菜肴只好再归于我!”

问完这些，佛陀笑了，看着他，又说道：“婆罗门啊，你今天在我的面前说了很多坏话，但是我并不接受它，所以就像刚才你所回答的一样，你的无理胡骂，那是归于你的！婆罗门，如果我被谩骂，而再以恶语相向，就有如主客一起用餐一样，因此我不接受这个菜肴。”

最后，佛陀为他指点迷津：“对愤怒的人，还以愤怒，是一件不应该的事。不还以愤怒的人，将得到两个胜利：知道他人的愤怒，而以正念镇静自己的人，不但能胜于自己，也能胜于他人。”

经过这番教诲，婆罗门顿悟了，最终出家佛陀门下，成为阿罗汉。

在生活中，很多人并没有佛陀的宽容，心中怎么也容不下别人的过错。比如下级犯了错误，上级很生气，怒发冲冠、声色俱厉，伤的其实是自己；上级作风不正派，下级很生气，内心憋屈、心生不平，伤的也是自己；同事之间钩心斗角、相互猜疑，受伤的还是自己。犯了错误是应该受到惩罚，但未必要生气，既然错误在他，为何你要生气？别人犯了错，而你去生气，岂不是拿别人的错误来惩罚自己？把别人的愤怒和过错都还给别人吧，那是不属于你的。我们没有必要为那些不属于自己又烦扰到自己身心的事而停留，多一秒停留便会多一秒烦恼。

事实上，生活中让我们生气的事实在太多了，可你知道生气会给我们带来什么吗？其一，会在无意中伤害到无辜的人。有谁愿意无缘无故挨你的骂？ 而被骂的人有时是会反弹的，他可能挨了骂之后不做任何反应，但他却极有可能又去骂别人。 其二，大家看你常常生气，为了避免无端挨骂，便会和你保持距离，你和别人的关系在无形中就拉远了，自己就会处于孤立无援的状态中。 其三，偶尔生气，别人会怕你，常常生气，别人就不在乎了，反而会抱着看猴戏耍的心理，不以为然。 这是不利于个人形象的。 其四，生气也会让人失去理性，对事情做出错误的判断和决定，而这也是最令人担心、最后患无穷的。 其五，生气对身体不好。

当然，谁也不会无缘无故地生气，可是在你要生气的时候，如果能想到自己正在拿别人的过错伤害自己的健康，你还会生气吗？不要因为别人的一点过错就伤害了自己。 让自己生气，是危害自身健康的行为。

豁达是一种精神的解放

一个人快乐，不是因为他拥有的多，而是因为他计较的少。“多”是一种负担，是另一种失去；“少”不是不足，而是另一种有余。 不计较不一定就是失去，可能是另一种更宽阔的拥有。

在现今的社会和工作中，随着竞争压力的与日俱增，生存空间和环境越来越复杂多变，人们对物质生活水平的要求也越来越高。如果你不能以一种豁达乐观的心态来面对无处不在的激烈竞争，面对生活中无处不在的来自各个方面的压力和挑战，那么就随时都有可能被乌云密布的氛围所笼罩。

每个人都会有这样的感觉：当我们事业和感情都一帆风顺的时候。我们就有一种抑制不住的冲动和快乐，这个时候，我们浑身上下每一个细胞都充满了勃勃的生机和活力。而当我们在事业或感情上遇到挫折时，除了少数意志力坚强的人可以很快地恢复元气以外，大多数人都会落入感情的低谷，自卑、自责，甚至开始怀疑自己的能力，从而失去了生活的动力，变得不思进取、碌碌无为。

豁达能把沉重变得轻松，把烦琐变得简单，把平凡变得有趣。拥有豁达，你的精神就会清澈透明，你就会拥有快乐。豁达就是胸襟博大，性格开朗，抛弃前嫌，宽容大度，体贴谅解，包容谦让，善待他人。

无论是在生活中还是在工作中，总有一些不如意，甚至是微不足道的小摩擦和小误会，让人们烦恼、气愤。如果让这些情绪累积在心里，长此以往，就会像结石一样给身体和心灵带来病症，影响正常的生活。所以，我们应该学会用豁达这剂良药及时扫除疾病，以免形成顽症。

著名的英国诗人兰德在暮年时曾写过："我和谁都不争，和谁争我都不屑；我爱大自然，其次就是艺术；我双手烤着生命之火取暖；火灭了，我也准备走了。"这是一个走进暮年的老人豁达从容、积极乐观的人生态度和宁静淡泊、铅华洗尽的人生境界。

豁达是一种自我精神的解放。如果每天为了生活的得与失、忧与愁煞费苦心，心灵的窗户就会被蒙上灰暗的色彩，我们就无法理解生活的真正含义，人生也就没有了快乐可言。豁达更是一种超凡脱俗的气质，拥有豁达便拥有了一种淡泊宁静的高远，才会有"采菊东篱下，悠然见南山"这种云淡风轻的感悟。用豁达、诚挚和热情去感受生活，没有了琐事的羁绊和缠绕，身心也就获得了解放，自有一片自由的天地任你驰骋。

> 前几年，有游客在法国参观一个花园。这个花园实在太美丽了，小路洁净，青草吐绿，花儿娇艳，空气新鲜。导游介绍说，这一切归功于一位老年花匠。一名丹麦游客决定高薪聘请花匠到国外发展。可是，这位老花匠却说，“我在自己的国家生活得很好，我很爱我的工作，我不想离开这里。”这位令人钦敬的老人就是法国前总统密特朗。

一位曾经权倾一时的总统，退休后乐此不疲地修理花园，不但不失落，反以老花匠自居，热爱自己平凡的工作，干得一丝不苟，这种豁达从容的生活态度真让我们这些为一些生活琐事和矛盾困惑、失落、唉声叹气的人感到汗颜。

我们总是盯着前方的美景，却忽略了身旁的风景。当有一天不得不停下匆忙脚步的时候，才发现自己依然两手空空，错过的已永远错过，心中留下的只有遗憾。豁达的心境能够让我们随时感受到生活中的美好，也能从原本看似不如意的事情中发现值得高兴的一面。

豁达不仅仅意味着一种超然，它更是一种智慧。豁达可以让世界海阔天空，豁达可以让争吵的朋友重归于好，豁达可以让多年的仇人化干戈为玉帛，豁达可以让兵戎相见的两国和平友好。

如果我们能把自己的心胸打开一点儿，我们就能拥抱到更多的阳光。这种超越一切的宽容，让我们知道什么是“海纳百川，有容乃大”。豁达让我们通向伟大诗人泰戈尔所描述的美妙境界：“生如夏花之绚烂，死如秋叶之静美。”这种豁达对待生活的乐观态度，让人们变得开朗、乐观、积极向上。 豁达的人会在嬉笑怒骂当中把悲愁和痛苦撕得粉碎，会在人生低谷当中播下希望的种子，会在“山重水复疑无路”时看到“柳暗花明又一村”。

别跟自己过不去

生活中，有一种人做什么事都喜欢深思熟虑，思考方方面面的情况，从而把一个简单的问题想得过于复杂，结果不但没有高效地把事情办好，反而让自己陷入了烦恼，无缘无故地生气。 这种人活得太聪明，也活得太累、不自在、不快乐。 当然，他们也很难取得辉煌的成绩。 相反，那种不跟自己较劲，不给自己平添烦恼的人，更容易取得成就。

> 1583 年，24 岁的努尔哈赤凭借仅有的 100 多名士兵，开始了统一女真族的战争。他在近 30 年的征战中，先后经历了 12 次大的战争，最终统一了女真各部。1616 年，他建立后金政权，由此登上了事业巅峰。后来，努尔哈赤和他的儿子们顺势而发，又打下了一片很大的疆土，开始了清朝近 300 年的统治历史。

从一个贫苦少年到叱咤风云的英雄，努尔哈赤是怎样做到的呢？ 数百年来，很多人对此进行了研究。 中国满学研究专家阎崇年用简短的八个字，很好地提炼了努尔哈赤的成功秘诀——天时、地利、人和、己合。

天时指的是运气，地利指的是外部的环境，人和指的是内部制度，己合指的是什么呢？阎崇年说，己合指的是个人的胸襟开阔，心境豁达，善于把握自己，而不是和自己较劲。

如今是一个生活节奏快、竞争压力大的时代，爱情、婚姻、家庭、事业、成就……这些都是大家拼命追求的。这是人之常情，也是时代进步的原动力。但很多人在追求这些的时候，没有保持开阔的胸襟，不懂得宽恕自己，动不动就跟自己较劲。比如，遭受挫折时，生自己的气，恨自己没用；遇事喜欢钻牛角尖，处事方式很偏执；为了工作不顾身体，勇当拼命三郎。殊不知，这样做其实是在“谋杀”自己，是和自己过不去。

近年来，不少成功人士英年早逝，引起人们的一片惋惜。有人表示，他们不是老死的，而是被自己搞死的，他们不爱惜自己，不懂得快乐、放松、宽心，所以才会活得太疲惫。这句话是非常有道理的。所以，我们要做自己的好朋友，要与自己合得来，千万不要和自己较劲，如此人生才会变得更轻松、更简单。

（1）做事不较劲，简单思维更有效。有这样一个例子：

有位先生的电冰箱坏了，启动后开不了机，他不由得发起火来。原因是这台冰箱是世界名牌，质量保证没问题，他认为可能是因为供电局突然断电造成的，或是老婆给电冰箱除霜时弄坏的。老婆安慰他，劝他别生气，让工人来修理，他说：“万一碰到一个水货修理工，把冰箱越修越坏怎么办？”

老婆见他这样，就说：“你这是在和自己过不去，你到底想怎么样呢?”见他不说话，老婆打电话给朋友，说明了情况。朋友来到他家，看了冰箱后对他们说：“你的冰箱已用了10年，出现问题不奇怪，你可以拿着这款老型号的冰箱，去同一品牌店里换一款新型的，几百块钱就可以搞定。如果你把冰箱卖了，就值50块钱。你自己看着办吧?”

事情就这么简单，冰箱用的时间太长，寿命已经终止了。既没必要纠结于冰箱是世界品牌，质量绝对有保证；也没必要纠结于供电局突然停电把冰箱弄坏了。关键是把问题解决，怎么让冰箱重新运转起来。如果这位先生懂得简单地思考问题，不跟自己较劲，就不会为此生气了。

（2）遇到不幸不较劲，乐观看待放宽心。凡事多往好处想，该吃的吃，该喝的喝，保持一种乐观的心态，生活才会更加精彩。有则笑话说，有个人老是不顺心，一天出门，不小心掉到水里，爬起来，居然发现口袋里有一条小鱼。他顿时乐了，一下子把掉进水里的事情忘掉了。如果我们能用这种心态对待生活，那么生活就不会有那么多“气”了。

（3）家人是自己的影子，宽容对待他们。家人是自己的影子，因为彼此形影不离，在一起相处的时间最多。与家人合得来，不与家人较劲，就是不跟自己较劲，这样会和家人相处得更融洽，家庭的和谐度会更高。作为夫妻，一方微笑，另一方也会微笑；一方哭泣，另一方也会哭泣。如果一方跟另一方较劲，那么两人都不快乐。因为吵架解决不了任何问题，生气也于事无补。要快乐，就要善待对方、宽容对方，不和对方较劲。

斤斤计较只会让自己更痛苦

人们总是会去为了一些小事斤斤计较。有些事情明明可以大事化小，小事化了，为什么总是要弄得自己不开心，让别人歉疚呢？

古人云：“凡事最不可想占便宜。便宜者，天下之所共争也，我一人据之，则怨萃于我矣，我失便宜则众怨消矣，故终身失便宜，乃终身得便宜。”“受得小气，则不至于受大气。吃得小亏，则不至于吃大亏。”古人都明白的道理我们又怎能不懂呢？

往往越不想吃亏，越可能吃亏，还有可能吃大亏。只有不去计较吃亏的人，才能在“吃亏”中得到福气。贪心的人，因为过多地去衡量得失的多少，反而最后会得不偿失。虽然吃亏意味着舍弃，但是失得眼前小利，必能谋得未来大利。

斤斤计较的人，容易迷失自我。有时候，吃点亏也不见得就是什么坏事，不是总说“吃亏是福”吗？吃亏是福还是祸，不过是你一念之间的事情。你能想通，能看开，它就是一件福事。想不通，看不开，它就只能拖累你，最终把你拖累垮。不要为了眼前的小利和别人犯冲，如果为了丁点大的事情就闹得不可开交，最后人缘是不是也会受到影响呢？做一个大度的人，你的朋友们也会更加爱你。

一位作家，他出身贫寒，可是他从来不在乎别人付给他多少酬劳。到他晚年的时候，各大书局争相竞觅他的佳作，他的酬金也就丰厚起来。可是没多久，他病危了。消息传开后，各大报社的记者赶来探望，盼望能采访他。老先生见他们十分诚恳，不忍心拒绝，于是让他们提一个问题。记者问道："老先生，恕我们叨扰，实在抱歉。我是××报社的新闻记者，愿意听听先生最后的教诲，不但我们受益，以后也可以造福许多青少年。请不吝赐教。""成功秘诀是有的，在马太福音十六章二十六节。"说完，老人便安详地离世了。众人忙翻开圣经看，上面写着：人若赚得全世界，赔上自己的生命，有什么益处呢？人还能拿什么换生命呢？

是的，无论拥有多少，前提是要有生命去享受，如果你为了得到世界而赔上了自己的生命，那么，即使得到了世界又有什么用呢？ 不斤斤计较是一种明智，一辈子不吃亏的人是没有的，要学着做一个把吃亏当作福气的人。

既然吃亏是无法避免的，那又何必去斤斤计较呢？ 明智的人会用宽容的姿态看待那些所谓不公的事情，拥有一个好的心境，这是创造"平凡"生活的重要保证。

（1）福祸相依，爱上"吃亏"。 吃亏的人往往能避免许多纷争，不会将自己困在亏与不亏这个狭隘的思维空间中，虽然一生平淡，可是幸福坦然。 一味去计较小事的话，只会让你蒙蔽双眼，势必要遭受更大的灾难，最终反而失去更多。 这样的话，岂不是更加心痛。 不如做一个愿意"吃亏"的人，在平淡中获得更多。

（2）心有多大，财富就有多少。做一个宽容的人，少计较，多包容。拥有一颗装下世界的心，用你的包容装点你的世界，美好而幸福。拥有多少并不重要，只要你能放宽心，世间的一切都是你的。斤斤计较只会让你自己变得辛苦，变得不快乐。多对别人伸出手，世界是由千千万万个“你”而组成，你现在为别人所做的，其实就是为以后的自己做的。

（3）放宽心态，甩开拖油瓶。端正自己的心态，将“吃亏”转为“福气”，化烦恼为快乐，把这些压垮你的累赘赶到十万八千里之外。不要烦恼，不要苦闷，不要焦虑，让它们通通远离我们。烦恼是自己给的，快乐也是自己给的，遥控器掌握在你自己的手里，随时调频，随时让你拥有好心情。

计较是贫穷和失败的开始

一位年轻女士，脾气急躁、易怒，谁若是得罪了她，她总是想办法报复对方，这样才能获得心理平衡。有一次，邻居的孩子把垃圾放在了她家门口，这让她非常生气，便把自己的垃圾丢到对方的门口以示报复。结果她和邻居“礼尚往来”，矛盾越闹越大，到后来天天争吵不断。几次争论后，这位女士常常感觉胸闷。经检查，她患上了心脏病。

在日常生活中，我们对于一些非原则性的事情，或者带有讽刺、中伤意味的话语，完全没有必要过分理会，甚至耿耿于怀。面对这种情况，最好的办法就是淡然处之，不去计较。不计较的处世之法，不仅是避免祸端的高明之举，也是保持心情平衡的秘诀。如果一个人凡事总是斤斤计较，刨根问底，硬要讨个公道、较个高低，那么他就很容易陷入烦恼和苦闷的负面情绪中，难以自拔。正如上面这位女士，最后受伤害的还是自己。

另外，计较往往是一个人贫穷和失败的开始。如果一个人过分计较自己的得与失、他人的对与错、利益的大与小，那么他等于渐渐失去了财富和作为。要知道，世上那些既富裕又成功的人士，都是胸襟宽阔、懂得驾驭情绪烈马的人。

著名的相声艺术家马季就是一个坦荡做人、豁达处事之人，他的成就也是我们有目共睹的。马季的一生并不顺利，但他始终能乐观、潇洒地面对种种打击和不幸。

曾有一段时间，马季淡出荧屏，很久没有演出。一次，在公交车上，有两个年轻人谈论："我听说马季出事了，已经被抓起来了！""不会吧，前两天电视台还播了他的相声了呢。""那是早先录好的吧。"

两个年轻人谈论得火热，完全没有在意其他人。巧的是，马季正好也在这辆车上，并且就坐在这两人附近，清楚地听到了谈话的内容。即便如此，马季也只是把脑袋往衣领里一缩，并没有去辩驳，他一声不吭，到站后独自下车了。

马季不仅在小事上不计较，在一些大事上也能够做到宽容。马季在"文化大革命"时不知道挨过多少批斗，做过多少检查，可他对此毫不在乎，也不为自己辩驳。用他的话说：“我要是个小心眼，那么这世上早就没马季这个人了！”在人生的后期，马季已经不愿意站在舞台上表现自己了，而是乐于传道授业，力捧年轻的相声演员。那时，曾有人劝他说：“你怎么不上去露露脸呢？再这么下去，观众都快把你给忘了。”对此，马季满不在乎地回答：“我已经完成了我的使命，还老让观众们惦记着干吗？再说，要那名有什么用，谁还不知道我身上有几两肉啊！”

可以说，马季先生的辉煌事业与成功人生与他的豁达之心、不计较之态有着密不可分的关系。可惜在现实生活中，有太多人都不明白这个道理。一遇到不顺心的事，或有关于个人利益得失的问题时，首先想到的就是如何去发泄，如何为自己“讨公道”，如何让自己占上风……总之，无论是精神上，还是物质上，都容不得自己有半点损失。

排解情绪垃圾的方法

做瑜伽有助于平心静气，改善不良情绪，缓解压力，使人精神饱满。

散步时可以呼吸到新鲜空气，有助于提神醒脑、调节精神，使人的压力减轻。

生活中的压力可以通过和朋友倾诉的方式得到缓解，从而避免内心堆积过多的情绪垃圾。

读书使人静心，沉浸在文字的世界可以使人忘记现实生活中的烦恼和压力。

第三章　轻得失，放下就是拥有

有失才有得

我们生活在这个世界上，有太多的东西需要去面对、去追求，有太多的事情需要去选择、去割舍。为人处世，鱼与熊掌可以兼得的例子实在是太少，你在得到一样东西的同时，也会失去另外的一些东西。在得与失之间要想做出正确的选择，是一件很痛苦的事情。

人生的过程就是一个不断选择——不断“获得”与“失去”的过程。如果没有一种豁达的心态，那么不管怎样幸运的人，他的人生也不会真正完美、快乐。因为即使是出生于帝王之家，或者含着金钥匙出生，也不可能永远只是获得，而从不失去。这就需要人们在为人处世的时候，不但要有敢于为获得而拼搏的勇气，更要有能坦然接受失去的豁达。

获得，并不是非要我们事事精通，无所不能；放弃，也并不是要我们愤世嫉俗，远离红尘。我们为人处世，应当做一个拿得起、放得下的人：不仅要能够入得其内，追求自己想要的生活，更要出得其外，不被一些事情所牵绊。只有做到了这一点，你才会成为一个快乐而充满魅力的人；只有做到这一点，你才会拥有一个成功而幸福的人生。从这个层面上来讲，人生就是一个不断获得又不断失去的过程。

要想拿起更多的东西，我们必须要学会适当地放下，如果你什么都想要得到，最后只会变得一无所有。

林语堂言："懂得如何享用你所拥有的，并割舍不实际的欲念。"

人生路上很多时候得亦是失，失亦是得，得中有失，失中有得。在得与失之间，我们无须不停地徘徊，更不必苦苦地挣扎。我们应该用一种平常心来看待生活中的得与失，要清楚对自己来说什么才是最重要的，然后主动放弃那些可有可无、不触及生命意义的东西，求得生命中最有价值、最纯粹的东西。

放弃也许是无奈的，放弃可能是痛苦的，但是你的每次放弃都将无愧于自我。学会了放弃，你才能够向成功的彼岸迈进，在不断地放弃与选择中展现出真正的自我。放弃是衡量一个人能否成功的重要标尺，而能否成功并不是要你得到什么，而是要你放弃什么。

在师范院校毕业之际，痴迷音乐并有相当音乐素养的帕瓦罗蒂问父亲："我是当教师呢，还是做歌唱家？"其父回答说："如果你想同时坐在两把椅子上，你可能会从椅子中间掉下去。生活要求你只能选一把椅子坐上去。"帕瓦罗蒂选了一把椅子——做个歌唱家。经过7年的努力与失败，帕瓦罗蒂才首次登台亮相。又过了7年，他终于登上了大都会歌剧院的舞台，坐上了世界歌坛巨星的宝座。

选择职业需要舍弃，舍弃其他椅子，而只选择其中的一把。人在面临选择的时候是脆弱的，但只能确定一个目标，这样才会凝聚起人生的全部力量，将其攻下。确定了目标，选定了路，不管路有多崎岖，同行者怎样寥寥，你都要忍受并将它走完。尤其在诱人的岔路口，你必须不改初衷，有心无旁骛的坚定信念和超然气度。

放下才会远离烦恼

生活中，每个人都要面对成败得失、酸甜苦辣、喜怒哀乐、是非恩怨，如果总是把这些记在心头，怎么能轻松地赶路呢？紧抓着不放，等于背上了沉重的包袱，等于套上了无形的枷锁，会让人活得又苦又累，以致精神萎靡，心力交瘁。只有放平了心态，放下了该放下的，才能远离烦恼。

（1）放下是非恩怨，才能得到友爱。人生就像一场充满是非恩怨的情仇录，要想活得快乐，就要学会放下仇恨与是非，潇洒地转身，去拥抱友爱。

有个人与同事交恶，两人几乎到了水火不容的地步，以至于影响了生活和工作。最后他选择了离职，朋友问他：

“如果不是那个人，你会离开吗？”他说：“当然不会离开，我很喜欢这份工作，但我恨他，有他在，我就心情不好，只能离开。”朋友问：“你为什么让他成为你生命的重心呢？”他顿时被问得哑口无言。

敌对关系有时比友爱关系更深沉。恨一个人，比爱一个人要付出更多的精力、耗费更多的情感。倘若你一直和某个人抗争，你就会慢慢失去自我，因为你一直在关注他，于是他成了你生命的重心。这样的人生岂不是一场悲剧？

一位哲人说过，朋友一场，同事一场，是一种缘分，因为十几亿人，偏偏你们相遇。这种缘分应该被珍惜。对呀，何必为了一点私心而让“是非”满天飞，为了一点面子而闹得彼此仇视呢？何不友好地对待身边的每个人，快乐地工作，轻松地生活呢？

（2）放下富贵梦，不让自己有负累。欲望是朋友，也是魔鬼。适当的欲望，是人类的朋友；过度的欲望，是人类的敌人。一个人，一旦欲念太多，欲望太强，就会被欲望所累，会由此从天堂走向地狱，从天使变为魔鬼。

有个很出名的画家想画佛和魔鬼。他去了很多寺庙，看了很多和尚，却始终没有找到满意的模特。一个偶然的机会，他在寺庙发现了一个和尚，被对方身上的气质深深吸引了。于是画家向那个和尚许诺：“只要你当我的模特，让我画一幅画，我就给你重金报酬。”和尚答应了。

不久之后，画家画出了他毕生最满意的画，那幅《佛》

惟妙惟肖，很快就在业界引起了轰动。画家给了那个和尚很多钱，兑现了诺言。过了一段时间，画家准备画魔鬼，于是他又去找模特。一天，他在一所监狱看到一个人，画家觉得他就是最佳模特。当他面对那个犯人时，他怔住了，因为那个人就是之前的和尚。

画家不敢相信自己的眼睛，他不明白和尚为什么从佛的形象变成了魔鬼形象。和尚告诉他："因为你给我钱之后，我每天寻欢作乐，挥霍生命，后来钱花光了，我去偷去抢，最后成了阶下囚……"

你是活在天堂，还是活在地狱，完全取决于你的心态。面对金钱和财富，如果你不懂得放下，你就有可能迷失自我，成为金钱的奴隶；面对过分的物欲，如果你不懂得放下，你的心灵就会被羁绊，最后一切的一切都将是你的负累，直至把你压垮。

（3）放下破碎的梦，做自己的守护神。爱情是美好的东西，但不是每段爱情都有结果。有些人对爱情充满憧憬，面对突如其来的分手，他们无法接受现实，脆弱的心理防线彻底崩溃。有个女孩在男友提出分手后，感到世界塌下来了。她一直对爱情充满期待，以为可以和男友相爱到老，但是这个美梦因分手而破碎，她感到绝望，认为自己失去了保护神，于是跳楼自杀了。

为什么不放下那个破碎的梦，做自己的守护神呢？为什么要让别人掌控自己的命运呢？生活中，这类故事不胜枚举，我们应以此为戒，用一颗从容的心对待感情。即使分手了，即使婚姻破裂了，也不要痛恨别人，作践自己，而要做自己的守护神。

自私最可怕

“人不为己，天诛地灭。”自私是人的天性，从我们降生的那一刻起，“自私”就在我们体内。不同的是，有些人的自私心理得到了很好的调适，有些人的自私心理却不断膨胀，他们满脑子都装着自己，不为别人着想，更不懂得为别人付出，甚至为了争名夺利不惜做出损人的事。下面这个故事可以很好地说明自私者的愚蠢和可怕。

从前，有两个很要好的朋友去旅行。在路上，他们遇见一个白发圣者。圣者对他们说：“我可以满足你们一个愿望，你们只管提出愿望就行了。不过，后提的人得到的愿望是先提的人的两倍。”

圣者的要求让两人很为难，他们都知道自己要许什么愿望，但是都不愿意先讲，因为先讲就吃亏了，后讲可以获得双倍，于是他们推来推去。其中一人不耐烦地吼道：“你推什么？快许愿吧？”另一人很生气地说：“凭什么让我先许愿，你有什么资格命令我？”

最后，一个人情绪失控了，他大声嚷道：“赶快许愿，你不要不识相，小心我打断你的狗腿。”

另一人听了，心里很着急，迫于威胁，他只好先许愿。

他想，既然你对我无情无义，那我也不必对你有情有义。于是，他对圣者说：“我的愿望是，希望自己的一只眼睛瞎掉。”

很快，那个许愿的人眼睛就瞎掉了。与此同时，另一人的两只眼睛都瞎掉了。

这是一个可笑、可怕的故事。原本圣者要给他们美好的愿望，他们可以共享这个愿望，但因为人性的自私，他们的情绪和理智失去了控制，从而发生了矛盾，最后把美好愿望变成了可怕咒语。

对于那个许愿的人来说，他所许的愿望是典型的损人不利己，他内心的私欲太强烈，他的仇恨心理和报复心理太严重。对于没有许愿的那个人来说，由于不懂得为他人着想，不懂得付出，因此遭受了前者的报复。他们的悲剧结局是由他们的自私造成的。

美好的事物应该分享，而不是独享；美好的人生应该爱人，而不是损人；美好的生活应该付出，而不是索取。如果故事中的两人多一点舍己为人的精神，多一点分享的意识，多一点付出，那么他们就会被友爱和快乐包围。当一方把大的福分留给对方时，对方也会找机会给他多一点福分。所以，只有放下自私，才能让别人喜欢你，才能让别人走近你。

（1）追求自己的利益时，切勿忽略别人的利益。俄国艺术大师屠格涅夫说：“一个人被称为自私自利，并不是因为他追寻自己的利益，而是在于他经常忽略别人的利益。”人不是因为追寻自己的利益才被称为自私，而是因为经常忽略别人的利益，做了损人不利己的事。上文中的两个许愿者就是这种人，他们忽略别人的利益，不懂得为别人着想，这样的人是不可能获得快乐的。

（2）获得的同时，要怀有一颗感激之心。宋朝的许斐在《责井文》中讲了这样一个故事：

一年夏天，水井因干旱而枯竭。许斐非常生气，责备枯井说："我以前觉得你很好，没想到你在我最需要水的时候没水了，以后我宁可不吃水，不做饭。也不低头向你要水。"骂完之后，他就回屋睡觉了。

晚上许斐做了一个梦，梦见一个嘴唇焦干、满面尘土的童子，说："我是井神，你想过吗？以前我给你水洗衣服，给你水做饭，给你水湿润笔砚，使你奋笔书写，还使你酒杯盛满美酒，你居然因为我的干涸怨恨我，你简直太没感恩之心了……"

这则故事非常值得我们深思。在现实生活中，有些人不懂得感恩，经常把别人对自己的好视为理所当然，当别人无法帮助自己时，就开始抱怨、生气，认为别人不讲义气、不重情义。殊不知，别人也有难处，我们应该去体谅。别人有恩于我们，我们应该感激，感激的最好方式就是对别人友善，用实际行动帮助和支持别人，而不应责备别人。

（3）要学会换位思考，体谅别人的难处。

有个人日子过得很艰难，他三番五次地向一个朋友借钱，朋友都有求必应。有一天，他又向朋友借钱，一张口就是一个大数目。朋友当时正在投资一笔生意，挪不出那么多钱，结果他气愤地走了，还说了一些阴阳怪气的话。

生活中，你身边是否有这样一种人，他们经常向你寻求帮助，你能帮忙时都会爽快地伸出援手。可是，有朝一日你爱莫能助时，对方不但不理解你，反而说一些难听的话。这时你是怎样的心情呢？同时，我们也问一问自己，是否也做过这样的事。

自私的人总是以自己为中心，总认为别人对不起自己，这样的人是没有人情味的，容易失去他人的好感。我们应该避免这种心理，要学会换位思考，以便更好地理解别人，体谅别人的难处。这样才能换来别人的理解和友善，我们才会更快乐。

用平常心看待得失

人的一生中会遇到很多选择，不管是得与失，还是取与舍，它们之间都会有矛盾。只想取不想舍，或者只想得不想失，这是不可能存在的。当面对取与舍和得与失的时候，坚定自己的目标，当取则取，当舍则舍，该得到的心安理得地得，该失去的也坦然面对，这是一种认识，一种能力，更是一种境界。

有一个阿拉伯的富翁，在年轻的时候凭借自己的双手辛苦致富，很快成为当地赫赫有名的富翁。可是在一次大生意中，他因为对时局观察不清楚，导致亏光了所有的钱，而且欠下巨额的债务。万般无奈之下，他卖掉房子、汽车，还清债务。可就在这时，妻子嫌弃他贫穷，带着孩子离开了他。

此刻，他孤独一人，没有亲人，生活穷困潦倒，身边只有一只心爱的猎狗和一本书伴随他左右。一个大雪纷飞的夜晚，饥寒交迫的他来到一座荒僻的村庄，想找到一个可以避风的地方，哪怕只是一间破旧的茅棚，他也会很满足。走进村庄，他看到不远处有间茅草屋。他走了进去，看见里面有一盏油灯，没有光亮，叫了几声没有人回应。他想可能主人出去了，先睡下再说。于是他用身上仅存的一根火柴点燃了油灯，拿出书来准备读书。一阵风把灯吹熄了，四周立刻漆黑一片。他陷入了黑暗之中，曾经的所有经历涌上心头，他顿时对人生感到前所未有的绝望，甚至想结束自己的生命。但是，他忽然看到依偎在身边的猎狗，它是那么的忠心，想到这，他感到一丝慰藉，无奈地叹了一口气沉沉地睡去。

第二天早上醒来，他发现自己身边的猎狗被人杀死在门外。看着心爱的猎狗死去，他内心的酸楚涌上心头，他决定结束自己的生命，因为这世间再也没有什么值得他留恋了。他最后看了一眼周围的一切，这时，他突然发现整个村庄都沉寂在一片可怕的寂静之中。他急步向前，一路走过去，看到的是一片狼藉，满地的尸体。这些迹象表明，这个村庄昨夜似乎遭到了匪徒的洗劫，而且村里除了他没有人活下来。

看到这可怕的场面，他心里没有了结束生命的念头。他想：我是这里唯一幸存的人，看来这一切都是注定的事情。我虽然破产了，没有了金钱，但是我还活着，所以我一定要坚强地活下去，我没有理由不珍惜自己。虽然失去了心爱的猎狗，但是，我得到了生命，这才是人生最宝贵的，有了这些我还有什么苛求呢?

生命如舟，每个人都有自己的船，船上载着太多的诱惑和虚荣、功名和利禄，所以在生活中有太多的困惑和迷茫。要想自己有一个顺利的旅行，必须有所准备，该舍的舍，该取的取，轻装上路。古人云："祸兮福之所倚，福兮祸之所伏。"今天得到了，明天也可能失去，所以应用一颗平常心去面对生活，面对人生。

小说《庞城末日》里有这样一个情节：

意大利庞培古城里有位名叫倪娣雅的卖花女。她自幼双目失明，但不自怨自艾，也没有垂头丧气地把自己关在家里，而是像常人一样靠自己的劳动自食其力。

不久，庞培城附近的维苏威大火山爆发，庞培城也遭到一次大地震，整座城市笼罩在浓烟和尘埃中，昏暗如无星的午夜，漆黑一片。惊慌失措的居民跌来碰去寻找出路却无法找到。倪娣雅本来就看不见，但由于这些年走街串巷地在城里卖花，她的不幸这时反而成了幸运。她靠着自己的触觉和听觉找到了生路，而且还救了许多人。因为她可以不用眼睛看就能如常人一样行走，所以这时她的残疾成为了她的财富。

上帝是很公平的，命运在向倪娣雅关闭一扇门的同时，又为她打开了一扇窗。世上的任何事都是多面的，人们看到的只是其中的一个侧面，这个侧面或许让人痛苦，但痛苦却往往可以转化。有一个成语叫作“蚌病成珠”，这是对生活最贴切的比喻。蚌因身体嵌入沙子，伤口的刺激使它不断分泌物质来疗伤，等到伤口愈合后，旧伤处就出现一颗晶莹的珍珠。每粒珍珠都是由痛苦孕育而成的，任何不幸、失败与损失，都有可能成为对我们有利的因素。

一艘船在海上遭遇风浪的袭击，不久就沉了，只有一位幸存者被风浪冲到了一座荒岛上。每天，这位幸存者都翘首以待，希望能够看见过往的船只把他救出去。然而，他等了一天又一天，还是没有船来。

眼看没有船只过来的希望了，为了活下去，他就辛辛苦苦地弄来了一些树木的枝叶给自己搭建了一个“家”。每天，他仍默默地向上帝祈祷着有船只经过。偶然的一天，不幸的事情发生了。他外出去寻找食物，一场大火顷刻间把他的“家”化为了灰烬，他眼睁睁地看着滚滚浓烟消散在空中，悲痛交加，眼中充满了绝望。

第二天一大早，当他还在痛苦中煎熬时，风浪拍打船体的声音惊醒了他，远处一只大船正向他驶来。他得救了。上船后他惊讶地问船上的人：“你们是怎么知道我在这里的？”船上的人回答：“因为我们看见了你燃放的烟火信号，所以我们就连夜向这边赶过来了。”

人的一生总在得失之间，人生在失去的同时也往往会另有所得。只要认清了这一点，就不至于因为失去而后悔，不因得到而窃喜，就能生活得更快乐。人生在世，重要的不是得与失，而是你曾经为得到付出了多少努力。无论你得到了还是失去了，只要你是快乐的、幸福的，你的人生就是有意义的，也是最富有的。

放下就是拥有全世界

鸣蝉奋力挣脱掉自己的外壳，才获得展翅高飞、自由歌唱的机会；壁虎勇敢地咬断尾巴，才在绝境中获得重生的希望；算盘若填满自己所有的珠位，也就失去了自己存在的价值。现实也是如此，握紧拳头，你什么都得不到；伸开手掌，你将拥有全世界。

一个渔夫，在大海里捕到一只海龟。

他把它抱回了家，放到了自己的床上，温柔地和它说着话。晚上还给它盖上了崭新的被子，把最新鲜的鱼虾端到它面前。

然而，海龟不吃不喝不动，泪流满面。

“你为什么哭呢？你知道，我是多么爱你啊。”渔夫问。

“可是我的心里只有大海，那里有我的家，有我的孩子，有我的快乐。请你放我回去吧！”海龟说。

可是，渔夫舍不得放弃它。过了好久好久，看着心爱的海龟日渐消瘦，精神萎靡，渔夫终于决定放它回到大海。“你这个冷酷无情的海龟，我几乎把整个心都交给了你，却得不到你一丝一毫的爱。现在，我成全你，你走吧。”

海龟慢慢地爬走了。

半年后的一天，渔夫正在午睡，忽然听见门外有声音。他出门一看，原来是之前他放走的那只海龟。

“你回来干什么?”

“来看看你。”

“你已经得到了你的幸福，何必再来看我呢?”渔夫问。

“我的命是你给的，幸福也是你给的，我忘不了你。”海龟说。

“唉，你去吧！只要你能幸福就够了，以后不必再来看我了。”渔夫伤感地说。

就这样，海龟依依不舍地走了。

然而，一个月后，海龟又来了。

“你又来了?”

“我忘不了你。”

“为什么会这样呢？当我希望永远将你据为己有时，却丝毫无法打动你；当我放弃你时，却获得了你的心。”渔夫深有感触地说。

很多事情，放下了，往往也就拥有了。工作上，把名利放下了，就可以按照自己的想法、方式去把事情做好；生活中，把一些不愉快的记忆放下了，就能过得更洒脱、更自在。所以，只要把心与念想统统都放下，人就能从桎梏中走出来，拥有更快乐的人生。

一天，一个登山者突然从山上滑落，他拼命抓住绑在自己手上的绳子，总算停了下来没有掉下去。山中大雾弥漫，上不见顶下不见底，他绝望地呼喊：“上帝啊，快救救我吧。”突然这时一个声音响起：“我是上帝，你希望我救你吗?”那个人大喊：“是的，是的。”上帝问：“那你愿意相信我吗?”那个人连忙说：“当然愿意。”上帝说：“那好吧，现在把你的手松开。”

那个人不禁一惊，心想这不是害我吗？然后，沉默了半天，始终没有松开手，仍然是紧紧地抓住绑在自己手上的绳子。

结果，第二天救援者只找到了这个人的尸体，他在夜里被活活冻死了。而令救援者困惑的是他紧紧抓着的绳子，离地面也不过3米而已。

放手，对任何一个人来说，都是一个痛苦的过程。因为放弃，有时候便意味着不再拥有。但是，如果不想放弃，却想拥有一切，最终也许只能一无所有，这是生命的无奈之处。有人说：“取是一种能力，舍是一种勇气，没有本事的人取不来，没有胸襟的人舍不得。”所以，我们每个人都应该懂得，有得必有失，有失必有得，你每一次的放弃可能在酝酿着下一次的拥有，人生就是这样一个得与失不断重复的过程。

保持乐观，凡事多往好处想

「凡事多往积极的方面想

乐观的人总能找到值得开心的事，悲观的人却总是让自己陷入苦恼和纠结，只有积极的心态才能为我们赢得高质量的人生。

「乐观是一种积极进取的人生态度

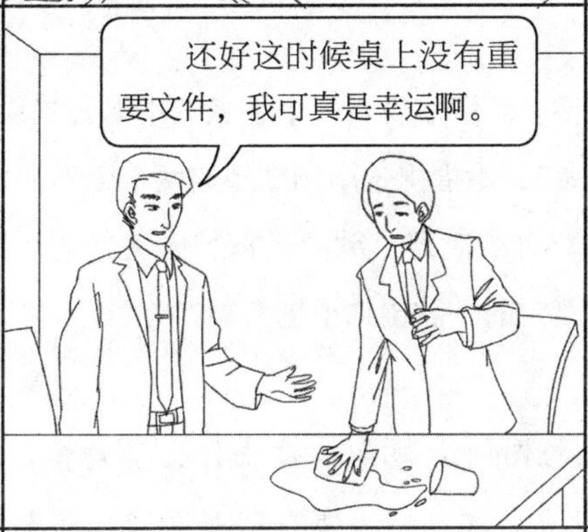

有些已经发生的事情是不可补救的，与其自怨自艾，不如换种心态看问题，心理预期低一点可以获得更多满足感。

「有了平常心才能随遇而安

心急吃不了热豆腐，往往胜利的成果不是一朝一夕就能取得的。有了平常心才能坦然面对生活，遇到困难时才不会被击倒。

第四章　懂知足，珍惜眼前的幸福

知足是通向幸福的捷径

美国经济学家保罗·萨缪尔森有一个著名的幸福公式：幸福=效用/欲望。在他看来，幸福由效用和欲望这两个因素决定。效用表示人得到的主观享受或满足，欲望是指想要达到的目标。这个公式说明，当效用既定时，欲望越小越幸福。

有一天，柏拉图问老师苏格拉底什么是爱情，老师就让他先到麦田里去，摘一颗全麦田里最饱满、最好的麦穗来，但是只能摘一次，并且只能向前走，不能回头。于是柏拉图按照老师说的穿过麦田，却两手空空地走出了田地。

苏格拉底问他为什么没有摘到麦穗，他说："因为只能摘一次，又不能走回头路，其间即使见到最饱满、最好的麦穗，因为不知前面是否有更好的，所以没有摘；走到最后，又觉得总不及之前见到的好，原来最饱满、最好的麦穗早已错过了，于是我什么也没摘。"

苏格拉底告诉柏拉图说：“这就是爱情。”

之后又有一天，柏拉图问老师苏格拉底什么是婚姻，老师就叫他先到树林里，砍下一棵全树林最大、最茂盛的树放在家里作圣诞树。这次的要求也是只能砍一次，并且只能向前，不能回头。于是柏拉图照着老师的说法去树林里砍树。这次，他带了一棵普普通通，不是很茂盛也不算太差的树回来。老师问他，怎么带这棵普普通通的树回来，他说：“有了上一次的经验，当我走到大半路程还两手空空时，看到这棵树也不太差，便砍下来，免得再错过，什么也带不回来。”

苏格拉底说：“这就是婚姻！”

确实，婚姻与爱情的最大区别就是知足。在恋爱的时候，总以为后面还会有更好的、更适合自己的人出现，因此就不断地寻找，不断地遇到，因为不懂得知足又不断地错过。当错过了结婚的年龄，自己已经没有耐心和信心追寻了，于是，遇到一个差不多的就结婚了。

知足，在婚姻里面是一门很重要的学问。有一句话是这样说的：“没有最好只有更好。”如果一直信奉这句话，在寻找另一半的过程中，不懂得知足，这山望见那山高，到了另一座山却又发现还是这座山高一点，所谓“不识庐山真面目，只缘身在此山中”，等到你真的看清了属于自己的这座“山”，再后悔却不一定来得及了，因为你觉得合适的那座山很可能已经另有所属了，于是一路寻觅一路错过，总也无法找到称心如意的。相反，懂得知足的人，当选定了自己的伴侣后，就一心一意地经营爱情和家庭，最后发现原来一直过着的就是自己想要的幸福生活。下面也是一个关于知足的例子：

静是一个美丽的女孩子，她和初恋情人安是在大学里认识的，但是，大学毕业后，两个人因为各自的理想而放弃了这段持续了三年的感情。安离开了，倔强的静选择了留在有自己父母的城市。

工作后不久，静就答应了一位同事的追求，她本以为开始一段新的感情，就可以完全忘记安，开始全新的生活。但是，这次与初恋不同，即使对同事说一千次一万次的“我喜欢你”，她也不愿意说一次“我爱你”。在她看来，“我爱你”这三个字太沉重，包含了太多的内容，这一生除了安，她不会再对第二个人说这三个字。

同事有着很好的家世背景，对静也很好，静觉得很知足。虽然她不能确定自己对同事的感情算不算爱，但是，她不想继续寻觅下去。于是，过了不久，他们就结婚了。婚后，丈夫知道静心里还装着另外一个人，但是他从来不介意，因为静做了他的妻子他就已经很满足了，所以他依旧对静百依百顺，在细心照顾着静的同时，他也享受着自己的幸福生活，而静在丈夫的照顾下也感到很幸福。

转眼已是10年后，安来到了静所在的城市，并且提出要和静见一面。到了约定的那一天，静把自己打扮得很漂亮，光彩照人，看上去和10年前几乎没有什么差别，她想，安一定也和以前一样英俊帅气。然而，见面的结果却出乎静的意料，在商场上摸爬滚打了十余年的安已经完全失去了静最爱的那份书卷气，有的只是商人的圆滑，并且，眼前的安也早已没了离校时的英俊潇洒，不仅胖了许多，还挺着一个大啤酒肚。

相见不如不见，静对这次见面很失望，她坚定地拒绝了安提出的继续保持联系的要求。

回到家，看见丈夫正在厨房里忙碌着的身影，静的眼睛一下子湿润了，因为她突然发现，这么多年来，自己对丈夫的喜欢早已转变成了爱。

其实，感情里面不存在最好的，退一万步讲，即使有最好的，这个最好的是否就适合自己呢？ 网上有这样一句流行语：“他没有逼我长成张曼玉、李嘉欣，我就无权要他成为李嘉诚。”这也是告诉我们要学会知足。

简单的幸福

清朝乾隆年间，北京城出现了一个专偷皇宫宝物的神偷。有一次，御书房里面的玉玺竟然不翼而飞了，过了3天又神不知鬼不觉地出现在原地方。这可让乾隆不寒而栗：“玉玺失窃倒也算了，但如果这个神偷要取朕的项上人头，那不是像囊中取物那么容易吗?”于是乾隆马上让和珅想对策。

和珅出了两个主意：一是派了3000御林军将紫禁城把守得滴水不漏；二是对进出京城的老百姓严厉盘查。不料，这计策实施了半年没有一点效果，接连着几件宝物被偷不说，也因严重扰民而让百姓怨声载道。

乾隆看这样下去实在不是办法，只得召来一向足智多谋的刘罗锅，让他想想办法。刘罗锅不慌不忙地说：“第一，将紫禁城外增派的御林军全部撤掉。第二，将所有宝库的大锁通通拿掉。第三，将存放宝物的箱子全部打开。如此一来，必能手到擒来。”

乾隆听了甚感不解：“刘爱卿，你是聪明人，怎么说起这糊涂话来了？”刘罗锅笑嘻嘻地说：“请陛下试试看，便知成效。”结果不出10天，神偷居然就被轻易地捉到了。

原来这位神偷已有30年偷窃的历史，如何潜入、开锁、取物、逃跑等，他都有着上千次的成功经验，所以即使再严守的地方也能顺利偷出宝物。可是这次进入皇宫后，竟然没有警卫，也没有锁门，进去后只看见箱子打得开开的，窗户也被拿掉了，这可让神偷不知所措，稀里糊涂就束手就擒了。

曾几何时，我们的生活中复杂的事物越来越多，好多电器的功能复杂得脱离实际，几乎与使用者“老死不相往来”，而且功能越复杂并不见得越好。比如录音机带的收音功能，无论是收听质量还是使用寿命，远远不如老式的半导体收音机。科学的发展从来都是由简单到复杂，人们对自然界的认识由知之不多到知之甚多，但是，切不能忽略了科学的更高级形式——由复杂到简单。

14世纪英格兰圣方济各会的修士威廉，曾在巴黎大学和牛津大学学习，他知识渊博，能言善辩，被人称为“驳不倒的博士”。他提出了一个“奥卡姆剃刀”的原理，其大意是：大自然不做任何多余的事。如果你有两个原理，它们都能解释客观事实，那么你应该使用简单的那个，因为最简单的解释往往比复杂的解释更正确；如果你有两个类似的解决方案，选择最简单的、需要最少假设的解释最有可能是正确的。如果用一句话来解释“奥卡姆剃刀”原理的话，就是“把烦琐累赘一刀砍掉，让事情保持简单”。

“奥卡姆剃刀”理论问世以后，成就了一个又一个杰出的科学家，如哥白尼、牛顿、爱因斯坦等，都是在“削”去理论或客观事实上的累赘之后，才“剃”出了精练得无法再精练的科学结论。

通用电气公司的韦尔奇是商界传奇人物，被众多媒体誉为“20 世纪最伟大的 CEO”“全球第一职业经理人”。他也是深得威廉的真传，提出了“成功属于精简敏捷的组织”的管理思想，用一把锐利的剃刀剪去了通用电气身上背负了很久的复杂、臃肿、官僚等弊病，使得通用电气公司能够在短短 20 年时间，从一个痼疾丛生的超大企业改变成一个健康高效、活力四射、充满竞争力的企业巨人。

经过数百年岁月的沧桑砺洗，“奥卡姆剃刀”早已超越了原来狭窄的领域，具有更广泛、丰富和深刻的意义。如果在生活中，我们能勇敢地拿起“奥卡姆剃刀”，以简单的心态做人，把复杂事情简单化，你就会发现心情变得更轻松了，而且距离成功也更近了。

1931 年，中国女棋手谢军在马尼拉向前国际象棋女子世界冠军奇布尔尼泽挑战，虽然最后夺魁成功，但她在比赛中常常不善于控制自己的情绪，事不顺心便焦躁怄气，输了棋更是寝食不安，甚至还哭鼻子。为此，当时的东南亚中国象棋棋王陈罗平多次去探望谢军，并且语重心长地向谢军介绍围棋巨匠吴清源的座右铭——“不生气”。

2 年后，在蒙特卡洛，谢军接受约谢莉阿妮的挑战。这一回，谢军已经悟出了在这世界级的卫冕激战中，棋手的“不生气”是最重要的。因此，每晚临睡前，她要练半个小时的毛笔字，写的多是“静”“顺其自然”“不生气”等字。开赛以来，她胃口极佳，睡觉又稳。即使输了一盘后，照样说说笑笑，外出散步，打扑克，下厨做菜，最终以 8.5：2.5 的悬殊比分蝉联国际象棋女子世界冠军。

什么是不生气？ 不生气就是心存简单，不痴心妄想、不矫情造作。 它是一种潇洒自如的生活态度。 顺其自然，不会为一些鸡毛蒜皮的小事耿耿于怀，更不去刻意掩饰什么或者戒备什么。 如果说做事是越简单越有效，那么做人则是越简单越幸福。

欲望越少越幸福

欲望，是生命体与生俱来的东西。 动物有欲望，植物也是如此：当一个人爱上另一个人之后，会不惜一切地想要得到对方的心；当一只素食的熊猫饥肠辘辘的时候，它会去主动捕杀其他动物；当一棵小草被石头压住时，它甚至会选择刺穿它……欲望在一定程度上促进了社会的发展和人们梦想的自我实现。但是，欲望也需要有一定的限度，如果一个人管不住自己的欲望，任它随心所欲，就必然会给自己带来痛苦和不幸。

曾经有这样一个故事：

有一个人想从地主那里得到一块土地，地主看了看他，想了一下说："清早，你从这里往外跑，跑一段就插根旗杆，只要你在太阳落山前赶回来，插上旗杆的地都归你。"那人开始拼命地跑，他跑一段就插一根旗杆，眼看太阳快落山了，他还觉得自己的地不够宽。后来看时间不早了，于是就拼命地往回赶。结果，虽然他成功跑了回来，但却由于精疲力竭而一个跟头栽下去再也没起来。后来，地主找了两个人挖了个坑，把他埋了。牧师在给这个人做祈祷的时候指着土坑叹着气说："一个人要多少土地呢？就这么大。"

一个人的欲望越多，他离快乐也就越远。多一分欲望就少一分快乐，相反，少一分欲望也就多一分快乐。生活中，我们很多时候之所以觉得自己活得累，原因就是我们的要求太多，不断地索取，自然会使得自己身心俱疲。

曾有人问卡耐基："用什么方法才能致富？"

卡耐基回答："节俭。"

那人又问："现在谁是比你更富有的人？"

卡耐基脱口说："知足的人。"

那人继续追问："知足就是最大的财富吗？"

卡耐基想了一下，引用罗马哲学家塞尼迦的一句名言回答了他："最大的财富，是无欲。如果你不能对现有的一切感到满足，那么纵使你拥有全世界，你也不会幸福的。"

生活，需要一定的物质做基础，但物质的索取必须有一个度。人的需求其实是很低的，我们根本没有必要让欲望成为禁锢我们灵魂的毒瘤，让它将我们的幸福渐渐吞噬。人应该在满足自己的基本需求的同时，尽可能地抑制住自己的欲望，不要让它无限制地膨胀。要知道，欲望就像气球，越大越诱人，但这种膨胀的气球也会很快破灭——只有顺其自然的人，才会拥有一份属于自己的安宁生活。

著名作家理查·卡尔森博士说："很多年前，我曾活得忙碌不堪，追求成就成为我的一切。我不断地做记录，今天完成了多少事，赚了多少钱……三餐总是无固定的场所，随便解决，总与自己比赛，看看自己可不可能赢得比别人更多的成就。"然而，就在他结婚那天，他最好的朋友却在前往他婚礼的途中死于车祸。当时这件事给他的心灵带来了一次沉重的撞击。之后，卡尔森博士明显放慢了生活的步调，因为这个时候，他了解到了自己过去曾穷追不舍的那些东西，其实并没有自己想象的那么重要。他终于意识到平安是福，生活过得安宁一点才是好的。

有人把人生比作一条长河，有源头，有流程，有终点，但是不管它有多长，最终也要流入海洋。既然人生终有尽头，为什么活着的时候不能少点欲望，让自己的生活过得安宁一点呢？

叔本华有句名言：“生命就是一团欲望，欲望不能满足便是痛苦，满足了便是无聊，人生就在痛苦和无聊之间摇摆。”这句名言告诉我们，要想让生活过得安宁一点，就应该少一点欲望，这样即使人生在痛苦和无聊之间摇摆，相信它的摆幅也不会太大。

平淡生活，才能快乐常在

我们时常抱怨每天的生活平淡无味，其实，这不过是发现了一个真理——生活原本就是平淡无奇的。人之所以有不同的生活，是因为有诸种因素的影响，但从根本上说，是由于不同的心态所致。曲折是有的，高潮是有的，但更多的还是平淡无奇，甚至是充满艰难困苦和拼搏，这都要靠一颗从容稳定而又积极热情的心去体验。

生命只有一次，时间无比宝贵，你出多高的价钱也买不下来。你觉得日子平淡，事情不如意，或者什么事情自己没有做好，这有多大的关系？抓住现在，重新开始！小孩子搭积木，喜欢推倒重来。我们也要积极探索，多几次新的尝试，正视生活中的一切。

现实不可改变，那就接受，接受下来，再去寻求改变的可能。没有过不去的事情！你仔细地想想，是不是这样？

人间的不幸和悲剧，除了战争、灾难和犯罪之外，主要是由什么因素造成的？不正是由陈腐的观念和不良的情绪造成的吗？不妨想一想：你所认识的那些感到幸福和自由的人们，他们似乎在任何一处都找得到快乐，其奥秘何在呢？

为了揭开这个奥秘，我们可以做个小游戏。你口袋里有一枚一角的硬币，一般你不会珍惜，丢失了也不会在乎。但是，当它滚落到某个角落里或者地沟里，你花了一番力气终于找到它，它就变得比原先宝贵了。这就是寻找快乐的奥秘。快乐和不幸是事情的结果和个人所选择、期望的目标是否符合导致的不同的结果。目标越重要，实现它的困难就越大，一旦达到目的，如愿以偿，愉快的感觉也就越强烈。

有选择才有目标，有追求才有兴趣，有付出才有收获。如果不是这样，你说什么生活有意思？

没有钱，简直要命，当然会使生活变得更加没有意思。有了钱，就有意思，可这有意思在于为了挣钱而付出了辛苦。如果一个人终日养尊处优，无所事事，他也同样会感到生活乏味没有意思。

没有下海的人准会说那下海的弄潮儿活得有意思。可是已经在商海里扑腾了几回、发现挣钱很难的人又会说，海上风光如海市蜃楼，也没有多大意思！

由此可见，问题不在于生活本身有没有意思，而在于你以什么样的心态、意识去感受，在于你有没有选择的兴趣和追求的信心。

乐观地面对生活

今天，我们面临的压力越来越大。赡养老人、教育子女、工作上的烦恼、人际交往的复杂……这些问题无时无刻不在侵扰着我们。无奈、烦躁、忧虑、彷徨，甚至是悲伤、绝望的情绪，时时笼罩着我们，使得我们越来越觉得疲惫，越来越觉得无助。在事业、家庭的双重压力下，我们的腰杆变得不再笔直；在跟同学、同事的比较之中，我们的远大志向消失得无影无踪。我们开始不自觉地变得悲观，变得消极，变得不知道如何释放我们的情绪。

那么，我们的问题到底出在哪里？我们的生活真的就那么不顺吗？

鲁滨逊·克罗索是《鲁滨逊漂流记》里面的主人公，他被海浪带到一个荒无人烟的小岛上，度过了漫长的26年。

鲁滨逊到达小岛上的第一天，他列出了两份清单：一份列出自己的不幸以及面对的困难，另一份列出自己的幸运以及拥有的东西。他在第一份清单上写下“流落荒岛，摆脱困境已属无望”，在第二份清单上写下“船上人员，除了我以外全部葬身海底”。鲁滨逊利用一切，改变了自己的命运，利用枪、陷阱捕捉猎物，自己搭建房子，这些奇迹般的生活让鲁滨逊最终没有被饿死。这都源自那两份清单。

这个故事是我们从小就知道的，从鲁滨逊的身上我们也可以汲取不少东西。在面对问题时，我们是否也可以试着先列两份清单，写一写自己所拥有的，看看命运真的是否就如此不公。再向好的方面想想，也许你就会发现其实我们已经过得很好了，我们已经拥有了很多，我们的生活也已经很幸福了，至少我们不用露宿街头，忍饥挨饿。这样，凡事乐观地去想，我们就会打开自己的心结，更好地生活下去，心境也会更加明朗。

凡事向好的方面想，并不是盲目乐观，而是科学地对待困难和挑战，从挫折和挑战中寻找人生突破口和良机。仔细审视我们周围普通人的生活和成长经历，不难发现这样一个事实：只要扎扎实实地生活，正视现实、不甘沉沦、努力向前，任何困难都会被战胜，任何逆境都会过去。

有这样一个家长与孩子互动的游戏，叫“凡事往好处想”。

妈妈问孩子：“今天上学发现，口袋的10元钱不见了，请往好处想……”

孩子回答：“还好不见的不是100元……”

父亲回答：“捡到的人一定很高兴……”

妈妈问孩子：“今天上学后开始下起大雨，请往好处想……”

孩子回答：“还好舅舅家住得近，可以给我送伞……”

妈妈问孩子：“很用功地准备期中考试，结果成绩非常不理想，请往好处想……”

孩子回答：“还好不是期末考试……”

这个游戏很有趣，凡事往好处想，整个心情就变得不一样了。

记得有个故事，一个女孩遗失了一块心爱的手表，一直闷闷不乐，茶不思、饭不想，甚至因此而生病了。

神甫来探病时问她："如果有一天你不小心丢了10万元钱，你会不会再大意遗失另外20万元呢?"

女孩回答："当然不会。"

神甫又说："那你为何要让自己在掉了一块手表之后，又丢掉了两个礼拜的快乐，甚至还赔上了两个礼拜的健康呢?"

女孩如大梦初醒般地跳下床来，说："对！我拒绝继续损失下去，从现在开始我要想办法，赚回一块手表。"

人生，本来就是有输有赢，更是有挑战性的，输了又何妨。只要真真切切地为自己而活，这就是真正的生活。有些人就是因为不肯接受事实重新开始以致越输越多，终至不可收拾。凡事都向好的方面想，是一种积极进取的人生态度。在竞争日益激烈的今天，每个人都面临着许多挑战，但更多的是机遇。向好的方面想，就是弱化挑战，放大机遇，以饱满的精神迎接机遇、把握机遇。

乐观的人处处可见"青草池边处处花""百鸟枝头唱春山"；悲观的人时时感到"黄梅时节家家雨""风过芭蕉雨滴残"。

因此，无论何时何地身处何境，都要用乐观的态度微笑着对待生活，微笑是乐观击败悲观的有力武器。微笑着，才能将不利于自己的局面一点点打开。

和气地拒绝，不必生气

拒绝的话要好好说，为小事发脾气会破坏彼此的关系。

如果朋友提出的要求你无法办到，应诚恳客观说明情况，对方会理解的。

对方提出的要求使你反感时也不要轻易发脾气。

遇到对方的不合理请求，可以用幽默的方式化解。

下篇

不抱怨：人生不能输给心情

扫码点目录听本书

第一章　还在抱怨吗？看看会带来什么

扫码点目录听本书

抱怨会将你带入死胡同

抱怨会带来严重的后果，如混乱的人际关系、大惊小怪的情绪、健康的困扰、金钱的焦虑，这些后果会让你走入死胡同。

从口中说出的抱怨字眼会让我们的思维朝着消极的方向延伸，我们的处境会因此而受到影响。

你可曾注意，当人们聚在一起，大家是如何进行对话的？ 有人可能提到一本他最近看过的书，话题就转到书本上一阵子：如果书本围绕露营展开，对话可能就朝着交谈者喜爱或觉得刺激的露营旅行经验来展开。 总之，如果是大家都喜欢讨论的议题，那整个讨论会变得越来越令人开心、舒畅。 而当有人抱怨时，我们就要特别注意了，如果不及时停止抱怨，我们恐怕难避漩涡。

许多文学作品中都揭露过这样的现象，英国喜剧《四个约克夏人》就讽刺过这样的情形。

四位严谨优雅的约克夏绅士坐在一起，品酒聊天，十分惬意。他们的对话起初是积极而正面的，后来不知不觉变得消极悲观；再后来，他们开始以抱怨来互相较劲，最后难收残局，不欢而散。

刚开始，有一个人表示，几年前他能买得起一杯茶就算很好运了。第二个人就要和他较劲，你还想买茶，我有冰茶喝就不错了。

抱怨的声浪加速蔓延，他们的论调随即演变得荒唐可笑，每个人都竭力证明自己过的才是最艰苦的生活。一位绅士回忆自己成长时住的房屋很破旧，第二个约克夏人则转动眼珠子说道："房子！有房子住就很不错了呢！我以前是26个人同住一个屋，什么家具都没有，地板还只有一半，我们怕掉下去，就挤成一团窝在角落里。"

他们你来我往地用抱怨互相较劲。

"噢！幸运的人啊，还有房间住，我们以前都住走廊！"

"喔，我们以前还梦想能住走廊呢！我的住所是垃圾场的水箱。每天早上醒来，身边是一堆臭鱼烂虾！"

"朋友，恐怕我们说的不是一个性质的房子，我说的'房子'只是地上的一个洞，用防水布盖住，这对我们来说就算房子了。"

"我们还从地上的洞里被赶出来，最后寄宿在干涸的湖洞里。"

"你运气真好，还有湖洞住，我们150人住在马路中央的鞋柜里。"

最后，有一位绅士赢得了这场抱怨比赛，他声称："我得在晚上十点钟起床——就是睡觉前半个小时，然后喝一杯凉水，在磨坊里每天工作十几个小时，还要给老板工钱，请他准许我来上班。"

你认为赢得这种抱怨比赛很有意义吗？ 那好，去吧，继续发牢骚，直到每个人都放弃，宣布你是全世界最厉害的抱怨鬼。 胜利的奖品则是不快乐的人际关系、巨大的情绪波动、健康的困扰、每天为金钱担忧的生活。

在人际关系中，抱怨会影响你的人际交往，吓跑朋友。 我们通常在向他人抱怨时，可能会暂时尝到获得注意力或同情心的甜头，也可以回避去做让你自己紧张的事。 但是事物都有两面性，它将带来负面的影响。 长年抱怨的人，可能会被朋友抛弃，因为朋友们发现自己的能量被这个抱怨者榨干了，在潜意识里就不想再与他交往。

你是否发现自己正身处在怨声载道的人群里呢？ 你的耳边是不是抱怨声不断呢？ 那么，郑重地告诉你——通常，我们都会去接近和自己相似的人，疏远和自己不相似之人。 所以，这个时候，你应该反省下自己，是不是自己即将成为或已经成为抱怨一族。

抱怨也会影响工作，抱怨会让自己最终走投无路。 许多员工抱怨老板抠门，抱怨工作时间过长，抱怨公司管理制度过严……有时，善良之人听过抱怨会宽慰你几句，这可以使自己内心的压力暂时得到一定的缓解。 诚然，口头的抱怨就其本身而言，暂时不会带来直接损失。 但是，它会腐蚀人的思想，进而在工作上敷衍了事。 抱怨使人思想肤浅、心胸狭隘，头脑中充满了抱怨又如何来思考未来发展呢？ 这只会使你与公司的理念格格不入，自己未来的发展也会走上死胡同，最后一事无成，只好被迫离职。

一天，约翰站在一家商店的皮鞋专柜前，和店里的年轻员工闲聊。这位年轻人告诉约翰说，他在这家商店服务已经7年了，但老板却对他有些许的不满，他的工作业绩并未得到赏识，他非常郁闷，但同时他又对自己信心十足：“像我这样一个学历不低、年轻有为的小伙子，找一份满意的工作也不是件难事！”

正说着，有位顾客走到他面前，要求看看袜子。岂料这位店员就像没看见顾客一样，仍继续向约翰发牢骚。虽然那位顾客已经显出不耐烦的神情，但店员仍在继续刚才的抱怨。最后，等他把话说完了，才爱理不理地对顾客说：“这儿不是袜子专柜。”

那位顾客又问：“袜子专柜在什么地方？”店员不耐烦地回答：“你问总服务台好了，会有人告诉你袜子专柜在什么地方。”

7年多来，这个内心抑郁的可怜的年轻人一直不知道自己为什么没遇到“伯乐”，没有得到老板的赏识而升迁。

3个月后，当约翰再次光顾这家商店时，那个年轻的店员已经不在这儿了。商店的另一名店员告诉约翰，上个月，公司人员调整时，他被解雇了。

几个月后，一次偶然的机会，约翰在一条商业街上又碰见了那个小伙子，只见他灰头土脸的，一改往日的“意气风发”。他说，时下经济不景气，这几个月他一直都在为找工作而忙碌。

说完后，他匆匆离去，赶去参加一个招聘的面试，虽然工作性质与原来的没有什么不同，薪水也不比原来的高多少，但这次机会他非常珍惜。

试想，这位年轻人如果懂得珍惜原来的工作机会，努力工作，就不会被解雇了。是他自己的抱怨使他走入了死胡同，他的结局完全是自作自受。

抱怨，就如同酗酒、抽烟、吸毒一样，一旦染上就难以摆脱，久而久之，它就会对我们自身的成长造成极大的阻碍，使自身陷入绝境。

抱怨是产生隔阂的根源

抱怨对婚姻最无益处，它让夫妻间失去信任，直至离心。

家是遮风挡雨的地方，更是家庭成员的心灵港湾。经营一个和谐幸福的家不容易，我们应当多抽出一点时间陪陪家人，以免随着时间的流逝，疏远了亲人，拉大亲人间的距离。

家人关系的疏远不是瞬间发生的，不过有些因素确实有损家庭和睦。有些人经常对家人横加指责，并且恶语相加。这么做可能导致家庭中弥漫着火药味，久而久之家庭氛围会变得沉重，以至亲人之间不愿交谈。

一对夫妻就因抱怨而离心：

从他结婚开始，他的妻子就没对他满意过，不断地取笑他的工作，轻视他所做的每一件事情，他的事业也险些被葬送。

那时候他是一个推销员，每天充满热情地工作，因为他相信美好的明天属于自己。当他回到家里，满心希望会得到妻子的鼓励，但通常他迎来的只是一顿冷嘲热讽：“今天的生意怎么样？有没有带回佣金呀？经理的训话你就不用说了，我想你应该知道马上就要付房租了。”

任凭妻子讽刺挖苦，他还是努力奋斗着。现在的他，已经是一家著名公司的执行副总裁了。而他们的婚姻，在他不能继续忍受下去时最终瓦解。如果可以选择给自己关爱和支持的女孩，为什么还要勉强接受嘲讽呢？

但是，前妻却无法认同这样的事实。她跟朋友诉苦：“我为他省吃俭用，做牛做马辛苦了这么多年，当他有了钱以后，就去找更年轻的女人。真是男人有钱就变坏！”她没有意识到是自己对丈夫的抱怨使夫妻之间产生了隔阂，使婚姻生活无法维持。

如果有人告诉她：导致丈夫离开你的原因是你对他的唠叨、抱怨、挑剔，而不是什么年轻貌美的女孩。她一定不会相信，她也许还会说：“我用这种方式是想刺激他，没有压力就没有动力。”但谁会喜欢这种刺激呢？一位妻子，整天讽刺、挖苦自己的丈夫，抱怨对生活的不满，这严重伤害了丈夫的自尊，会摧毁他的自信。抱怨对婚姻最无益处，它会让夫妻之间渐渐产生隔阂，最终导致婚姻破裂。

抱怨是逐渐养成的，刚开始的抱怨，你也许无意识，一旦成为习惯，就会像对麻醉药上瘾一样很难改掉。如果一个女孩在二十几岁刚结婚时，就整天向丈夫嚷着买别墅，那么等她到 40 岁时，她会贪得无厌，对什么都不满，从而成为一个无可救药、令人讨厌的抱怨专家。

夫妻一起生活，争吵和摩擦不可避免。任何一个家庭，偶尔的磕磕碰碰难以避免，当然也不会因为一般的争执而使情感产生裂缝。但长期的、无休止的抱怨谁都无法接受，最终会影响夫妻之间的感情。男人每天到家都听到抱怨和唠叨，那么不管他站在多高的事业高峰上，最后都会被毁掉；同样，如果一个女人经常听到丈夫的抱怨，柔软的心会变得越来越坚硬，最后变成铁石心肠，无法挽回。

什么样的思维创造什么样的生活。当我们抱怨时，我们就是把自己的想法集中在负面的东西上，实际上这与我们所追求的东西背道而驰。

现在的一些年轻女性总喜欢抱怨男人。譬如“男人很自私”“男人都是没良心的”“不能相信男人”等。当然，这些女性都生活得不幸福、不快乐。她们想不想要幸福？当然想，但是她们的抱怨却向外发送了“男人不好”的信息，她们的生活里当然没有“好男人”。

如果你想要维护家庭生活的幸福快乐，请记住：立刻停止喋喋不休的抱怨。

抱怨是不幸婚姻的始作俑者

相比较而言，一般性的病痛不会对人造成大的危害，药物可以治愈，但喋喋不休的抱怨却是一种顽固性的精神疾病，很可能会使全家人的生活遭殃。

心理学家陶乐丝·狄克斯认为：“一个男性能否从婚姻中获得幸福，将要与他结婚的人的脾气和性情是否与他相和是最重要的影响因素。一个女人即使拥有再多的美德，但如果她脾气暴躁又唠叨、挑剔、性格孤僻，那么再多的美德也无法改变这些缺点。许多男性丧失斗志，放弃了可能成功的机会，就是因为他的伴侣常常给他泼冷水，打击他的每一个想法和希望。她总是无休止地挑剔，不停地抱怨丈夫，为什么他不能像她认识的某个男性那样会挣钱，为什么他没有好工作……有这样的妻子在耳边挑剔抱怨，男人怎能不变得垂头丧气？”

对于一个男人来说，与奢侈浪费相比，妻子的挑剔唠叨会让他觉得更加不幸。关于这一点，专家的研究便足以说明一切。著名心理学家刘易斯·特曼博士曾对1500多对夫妇做过详细的研究。结果显示：在丈夫眼里，妻子的唠叨和挑剔是最不能容忍的。两个著名的研究机构——盖洛普民意调查和詹森性情分析的研究结果也是如此：男人们都把唠叨、挑剔列为女性的首位缺点。

抱怨，是内心缺乏爱和包容的表现，是只顾自己痛快不管别人感受的表现，抱怨者将自己内心产生出来的浊气毫无修养地泼向对方，而从不替对方考虑。往往抱怨多的人是缺乏自爱和自信的人，他们渴望通过抱怨和牢骚来获得精神慰藉。

有些抱怨也可能是变相鼓励的一种手段，但这种手段让人难以接受。抱怨只会像烟头烫气球一样，两败俱伤。

有一位女士向心理学家寻求帮助，她与丈夫最近出了些问题，希望能够得到心理专家的帮助，以缓和矛盾，改善夫妻关系。

“我们几乎不交流，我一开口说话，他不是出去就是关上房门躲在里面玩游戏。”她既气愤又委屈地说。

心理学家仔细一问后发现，原来她常常不满丈夫的一些行为，一开口就是对丈夫的抱怨批评。于是心理学家建议她：“如果你停止抱怨批评，或者改变一下谈话内容和态度，你们的关系或许会好很多。”

她十分不解：“可是，我也不是胡乱批评的，都是有根据的！”

心理学家尝试用其他的方式引导她做出改变，她都坚信自己没做错。最后，心理学家对她说：“你认为的对错，与你的婚姻关系相比较，孰轻孰重？在‘我是对的’和‘有效果’之间，你必须做一个选择，你会选择哪个？”

无休止的抱怨会破坏婚姻。当我们在向对方无休止的抱怨时，就好像是不起眼的水滴正在一点点地侵蚀着幸福的岩石——这种潜在的祸患危害性更强。

俄国大文豪托尔斯泰的夫人亦曾发现此理，却为时已晚，她只能在临死前向她的女儿忏悔：“你父亲的去世是我的过错。”她的女儿们一言不发放声痛哭。女儿们都知道父亲的死，罪魁祸首是母亲喋喋不休的抱怨和唠叨。

照理说，托尔斯泰的夫人应该十分幸福——她的丈夫细心体贴，他们拥有美满的家庭。

照理说，托尔斯泰的夫人应该十分满足——金钱、地位他们都不缺少，享尽天伦之乐。

但托尔斯泰的夫人喜爱奢华，渴望显赫，爱慕虚荣，她追求更多的财富，而托尔斯泰却认为私有的一切是一种罪恶。夫妻之间便有了矛盾，她吵闹、抱怨、咒骂……

刚结婚时他们幸福和睦。但结婚48年后，他竟连看她一眼都不能忍受。

一次，托尔斯泰坚决主张让他的著作任人翻印，而他的夫人却开出条件要抽利。他一反对，她就发疯似的大哭大闹，甚至倒在地板上打滚，一哭二闹三上吊。

82岁的时候，年迈的托尔斯泰忍无可忍，在1910年一个大雪纷飞的夜里，他离开了妻子，朝着酷寒和黑暗走去，再也没有回来。11天后，托尔斯泰因肺炎昏倒在一个车站。直到死，他都无法原谅妻子带给他的折磨。

妻子的吵闹和抱怨竟让丈夫至死都无法原谅。也许人们认为，某些时候她的抱怨并不能算过分。是的，就算抱怨是有理由的，但一味地抱怨谁能受得了？这样究竟对她有什么好处呢？只会把事情弄得更糟糕。“我想我实在是疯了。”当托尔斯泰的夫人觉悟时，什么都无法挽回了。

你的丈夫或妻子可能会有很多缺点，但你也不能喋喋不休地批评、抱怨，抱怨只会让我们失去得更多。不要吹毛求疵、追求完美，否则只会给自己带来痛苦。我们要多发现对方的优点，并给予赞赏。不要企图改造、控制或驱使你的配偶，这样做只会浇灭对方的爱。因为，能改变人的不是常人，而是上帝。

抱怨性的话语往往与坏事成正比

抱怨性的话语属于消极的情绪，在这消极意识的误导下会产生不好的影响。同时，当你抱怨得越多，坏事也会越眷顾你。

回想一下，当我们不断发牢骚的时候，能有什么积极的改变吗？抱怨老板时，老板会觉得像你这样的员工很难缠，工资奖金的发放自有道理，你的抱怨是在向老板抗议吗？从此，你在老板那里的印象就更加不好了，在以后的工作中，你会失去更多。一个人想方设法给别人留下良好的印象还来不及，为什么要用毫无意义的抱怨来自毁形象呢？抱怨只会让事情越来越糟糕。

公司要裁员，王晓和小静都在裁员之列，按照公司的规定，被解雇的人员第二个月必须离开公司。

王晓回家后，痛哭了一场，抱怨公司不近人情。第二天到了公司，她逢人就抱怨："我平时在公司干得这么卖劲儿，我有哪点不好呢？这么多人，凭什么解雇我啊？老板真是不公平。"而且越到最后，话说得越难听，甚至有些话里的意思是，她被裁是有黑幕的，是有人背后打她的小报告。而且她还把宣泄不完的愤怒都发泄在工作上，工作懒散懈怠，能拖延的就拖延，整天在公司混日子。

小静和王晓的遭遇是相同的，但态度却完全不一样。

虽然小静也很难过，但毕竟这是自己工作了多年的公司，而且待遇各方面都很好，所以她没有向任何人抱怨，她觉得公司这样做也是有苦衷的。于是她暗下决心，即便要离开也要把工作做好，以后再寻找更好的机会，说不定这还是一次机遇呢。在公司里，她在工作之余也会和同事们表示遗憾，非常舍不得大家，并且及时地交接工作，以免给同事的工作带来麻烦。

很快，一个月的时间就过去了。最后只有王晓被裁了，人事主管的解释是："经公司多方考虑，只裁一个人，小静在工作上认真负责，且毫无差错，所以留下了她。"

不仅工作中如此，生活中也更是如此。抱怨就意味着负面情绪和结果。遇到困难、心情不好的时候，看淡一点，静静地思考一下面临困境的原因在哪里，有没有弥补的措施。这才是最积极有效的方法，才能改变事态的发展。

哈里在伦敦郊外一著名的度假村工作。一个周末，哈里在厨房忙得焦头烂额，服务生端着一个盘子走进厨房对他说，有位客人点了这道油炸马铃薯，但他认为马铃薯切得太厚了。

哈里看了一下盘子，以前的也都是这么切的呀。从来也没有客人抱怨过切得太厚，但他二话没说，重新将马铃薯切薄些，又做了一份请服务生送去。

几分钟后，服务生端着盘子气呼呼走回厨房，对哈里说："那位客人一定是故意找茬，肯定是遇到什么不顺心的事了，然后将气借着马铃薯发泄在我身上，对我牢骚怨气，还是嫌切得太厚。”

哈里还是没说什么，忍住脾气，静下心来，又把马铃薯切得更薄一些，炸成诱人的金黄色，又在上面撒了些盐，还是让这名服务生端去。

没多久，服务生端着空盘子走进厨房，他对哈里说：“客人非常高兴，餐厅的其他客人也都赞不绝口，他们又多点了几份。”

这道薄薄的油炸马铃薯片从此成了哈里的招牌菜，哈里也一举成名，非常受客人欢迎。

哈里之所以取得了成功，就是因为他没有抱怨，而是一次次地静心思考，不断改进，事情也就往好的方面发展了。

因此，抱怨在生活中是毫无意义的。清空自己的不满，多些积极的话语吧！这样，你的生活或是工作也会越来越好。

抱怨者，人人避而远之

经常抱怨的人，他们消极厌世、悲观绝望。抱怨的人经常通过重复的语言，抱怨重复的事情，在重复中寻找平衡。在抱怨的过程中，抱怨者要找人倒苦水，把自己唉声叹气的情绪和不满传达出去，而接受者必然是抱怨者的倾诉对象，久而久之，人们就会发现，经常和抱怨者在一起，自己也就感染上了抱怨的恶习。所以，人们为了拯救自己，让自己乐观积极地生活，自然就会躲避、远离那些抱怨者。

爱抱怨的人通常讨人嫌。抱怨的人都会存在这样一个特点：语言重复、事件重复、小题大做、无病呻吟。这是抱怨者经常表现出的状态，一般人都不喜欢这种状态，因为人们在一起渴望交流，而不是听人发牢骚，况且是极其无聊、毫无意义的抱怨。人们的时间精力是有限的，人们希望把这种有限的精力放到有意义的事情上面，听无聊的抱怨浪费了时间和精力，人们自然有反感情绪。时间久了，人们会对经常抱怨的人产生厌烦心理，因为与那种人在一起，不仅会被动成为负面情绪接受者，而且会产生消极悲观的生活观念，把人们心中对于生命美好的心绪都消磨掉。对于心中怀有希望的人而言，抱怨使内心产生反感和抵触，但是这种情绪又不能随意发泄，只能是避而远之。

抱怨就是唉声叹气的无病呻吟。抱怨者抱怨的事情往往是无足轻重的，既琐碎又毫无价值。为了将抱怨的事情表现得深刻，抱怨者往往会唉声叹气，情绪激动，恼羞成怒，有时候可能会失控似的破口大骂，这种生动的表演不但不会赢得怜悯，反而让人生厌。人生活在世上，愁苦的事情很多，压力很大，还要承担抱怨者这种痛苦的呻吟，这才是没事给自己增加烦恼，于是聪明的人会远离这种唉声叹气的抱怨，寻求精神的安静与心理的平和。久而久之，抱怨者就会因为自己这种“精彩”的表演，断送自己的人脉，失去同事、朋友和家人。

抱怨就像批评一样不受欢迎。人们不仅不喜欢批评，也讨厌抱怨，因为人们的内心是渴望远离黑暗，朝向阳光的。而抱怨就是把人们的内心蒙上灰色，这使人们既不喜欢，也不愿意接受。

就像有人说的：病重的朋友不会拖垮我，因为他乐观开朗，在他身上我看到希望和光明；而抱怨的人却使我内心沉重，因为我浪费时间精力去怜悯同情。这也是人们选择朋友的一个原则。豁达的人带给对方的是快乐和希望，而抱怨的人只会加重对方的负担，使对方压抑低沉。这就像批评一样，带给人的是不快，人们当然不会喜欢，时间久了，对于抱怨的人，人们见了也会感到不快乐，远离他是最好的选择。

抱怨是人际交往的大敌，没有人喜欢抱怨的人，经常抱怨的人，最后会成为孤家寡人。抱怨的人会令人害怕，人们不想浪费时间去听人抱怨，人们为了用有限的精力去创造有价值的事情，就会避开抱怨的人，这样一来，抱怨者就用抱怨的方式，把身边的朋友一个个地推开了。

用鼓励替代抱怨

怒火与怨气不如正向鼓励

如果身边人的表现没有达到你心中的预期，可以多尝试正向激励，多多鼓励可以调动他们的积极性。

情绪稳定对于人际交往十分重要

一味抱怨和发脾气会让你周身充满了负能量，让想靠近你的人都不自觉地疏远你，所以我们对身边人要多输出正面情绪。

用积极的话语替代抱怨

抱怨只会带来负面的情绪和结果，把重点放在如何解决问题上才是最积极有效的方法，才能改变事态的发展。

第二章　别抱怨，每个人的人生都有坎坷

人生没有过不去的坎

“没有永久的幸福，也没有永久的不幸。”在生活中，尽管我们每个人都会遇到各种各样的挫折和不幸，而且有的人不仅仅要承受一种磨难，甚至受打击的时间可以长达几年、十几年，但是让人极度讨厌的厄运也有它的“致命弱点”，那就是它不会持久存在。

人们在遭受了生活的打击之后，总是习惯抱怨自己的命运不好，身边没有能够帮忙的朋友，家世也不好，没有可依靠的父母，等等。其实抱怨并不能解决问题，当问题发生的时候，我们一定要相信——厄运不久就会远走，好运迟早会到来。

匹兹堡有一个女人，她已经35岁了，过着平静、舒适的中产阶层的家庭生活。但是，她突然连遭四重厄运的打击。丈夫在一次事故中丧生，留下两个小孩。没过多久，一个女儿被烤面包的油脂烫伤了脸，医生告诉她，孩子脸上的伤疤终生难消，作为母亲的她为此伤透了心。她在一家小商店找了份工作，可没过多久，这家商店就关门倒闭

了。丈夫给她留下一份小额保险，但是她耽误了最后一次保费的续交期，因此保险公司拒绝支付保费。

碰到一连串不幸事件后，女人近乎绝望。她左思右想，为了自救，她决定再做一次努力，尽力拿到保险补偿。在此之前，她一直与保险公司的普通员工打交道。当她想面见经理时，一位接待员告诉她经理出去了。她站在办公室门口无所适从。就在这时，接待员离开了办公桌。机遇来了。她毫不犹豫地走进了经理的办公室，结果看见经理独自一人在那里。经理很有礼貌地问候了她。她受到了鼓励，沉着镇静地讲述了索赔时碰到的难题。经理派人取来她的档案，经过再三思索，决定应当以德为先，给予赔偿，虽然从法律上讲公司没有承担赔偿的义务。工作人员按照经理的决定为她办了赔偿手续。

但是，由此引发的好运并没有到此终止。经理尚未结婚，他对这位年轻寡妇一见倾心。他给她打了电话，几星期后，他为她推荐了一位医生，医生为她的女儿治好了病，脸上的伤疤被清除干净；经理通过在一家大百货公司工作的朋友给她安排了一份工作，这份工作比以前那份工作好多了。不久，经理向她求婚。几个月后，他们结为夫妻，而且婚姻生活相当美满。

这个故事很好地阐释了厄运与好运的意义。 厄运不会一直存在于我们的生活里，即使是现在深陷困境，也会在不久之后等到厄运的夭折。

易卜生说：“不因幸运而故步自封，不因厄运而一蹶不振。

真正的强者，善于从顺境中找到阴影，从逆境中找到光亮，时时校准自己前进的目标。”

任何时候，都不要因厄运而气馁，厄运不会时时伴随你，阴云之后的阳光很快就会来临。

冬天总会过去，春天迟早会来临

四时有更替，季节有轮回，严冬过后必是暖春，这符合大自然的发展规律。在人类眼中，事物的发展似乎也遵循着这一条规律。否极泰来、苦尽甘来、时来运转等成语无不反映了人们的一种美好愿望：逆境达到极点就会向顺境转化，坏运到了尽头好运就会到来。所以，我们坚信，没有一个冬天不可逾越，没有一个春天不会来临。这是对生活的信心，也是对生活的希望，有了信心与希望，无论事情多糟糕，我们也会有面对现实的勇气和决心。

> 约翰是一个汽车推销商的儿子，是一个典型的美国孩子。他活泼、健康，热衷于篮球、网球、垒球等运动，是中学里一个众所周知的优秀学生。后来约翰应征入伍，在一次军事行动中，他所在部队被派遣驻守一个山头。激战中，突然一颗炸弹飞入他们的阵地，眼看即将爆炸，他果断地扑向炸弹，试图将它丢开。可是炸弹却爆炸了，他重重地倒在地上，当他向后看时，发现自己的右腿右手全部

炸掉，左腿变得血肉模糊，也必须截掉了。一瞬间，他想哭，却哭不出来，因为弹片穿过了他的喉咙。人们都以为约翰不能生还，但他却奇迹般地活了下来。

是什么力量使他活了下来？是格言的力量。在生命垂危的时候，他反复诵读贤人先哲的这句格言："如果你懂得苦难磨炼出坚韧，坚韧孕育出骨气，骨气萌发出不懈的希望，那么苦难最终会给你带来幸福。"约翰一次又一次默念着这段话，心中始终保持着不灭的希望。然而，对于一个三截肢（双腿、右臂）的年轻人来说，这个打击实在太大了！在深深的绝望中，他又看到了一句先哲格言："当你被命运击倒在最底层之后，再能高高跃起就是成功。"

回国后，他步入了政界。他先在州议会中工作了两届。然后，他竞选副州长失败。这是一次沉重的打击，但他用这样一句格言鼓励自己："经验不等于经历，经验是一个人经过经历所获得的感受。"这指导他更自觉地去尝试。紧接着，他学会驾驶一辆特制的汽车并跑遍全国，发动了一场支持退伍军人的事业。那一年，总统命他担任全国复员军人委员会负责人，那时他 34 岁，是在这个机构中担任此职务最年轻的一个人。约翰卸任后，回到自己的家乡。1982 年，他被选为州议会部长，1986 年再次当选。

后来，约翰成为了亚特兰城一个传奇式人物。人们经常可以在篮球场上看到他摇着轮椅打篮球。他经常邀请年轻人与他进行投篮比赛，他曾经用左手一连投进了 18 个空心篮。一句格言说："你必须知道，人们是以你自己看待自己的方式来看你的。你对自己自怜，人家则会报以怜悯；

你充满自信，人们会待以敬畏；你自暴自弃，多数人就会嗤之以鼻。”一个只剩一条手臂的人能成为一名议会部长，能被总统赏识，担任一个全国机构的要职，是这些格言给了他力量。同时，他的成功也成了这些格言的有力佐证。

天无绝人之路，生活有难题，同时也会给我们解决问题的能力与方法。约翰之所以能够生存下来并创造辉煌的事业，是因为他坚信人生没有过不去的坎儿，坚信冬天之后春天会来临。他在困难面前没有低头，而是昂首挺进，直至迎来生命的春天。

生活并非总是艳阳高照，狂风暴雨随时都有可能来临。但是每一个人都需要将自己重新打理一下，以一种勇敢的人生姿态去迎接命运的挑战。请记住，冬天总会过去，春天总会来到，太阳也总要出来的。度过寒冬，我们一定会生活得更好。

不要把自己禁锢在眼前的苦痛中

世事无常，我们随时都会遇到困厄和挫折。遇见生命中突如其来的困难时，你都是怎么看待的呢？不要把自己禁锢在眼前的困苦中，眼光放远一点，当你看得见成功的未来时，便能走出困境，达到你梦想的目标。

当我们遭遇厄运的时候，当我们面对失败的时候，当我们面对重大灾难的时候，只要我们仍能在自己的生命之杯中盛满希望之水，那么，无论遭遇何种坎坷，我们都能保持快乐的心情，我们的生命才不会枯萎。

在断崖上，不知何时长出了一株小小的百合。它刚发芽的时候，长得和野草一模一样，但是，它心里知道自己并不是一株野草。它的内心深处，有一个纯洁的念头：“我是一株百合，不是一株野草。唯一能证明我是百合的方法，就是开出美丽的花朵。”它努力地吸收水分和阳光，深深地扎根，直直地挺着胸膛，对附近的杂草置之不理。

在野草和蜂蝶的鄙夷下，百合努力地释放内心的能量。百合说：“我要开花，是因为知道自己有美丽的花；我要开花，是为了完成作为一株花的庄严使命；我要开花，是由于自己喜欢以花来证明自己的存在。不管你们怎样看我，我都要开花！”

终于，它开花了。它那洁白的花朵和秀挺的风姿，成为断崖上最美丽的风景。年年春天，百合努力地开花、结籽。最后，这里被称为“百合谷地”，因为这里到处是洁白的百合。

我们生活在一个竞争十分激烈的社会，有时在某方面一时落后，有时困难重重，有时失败连连，甚至有时被人嘲笑……无论什么时候，我们都不能放弃努力；无论什么时候，我们都应该像那株百合一样，为自己播下希望的种子。

内心充满希望，可以为你增添一分勇气和力量，可以支撑起你一身的傲骨。当莱特兄弟研究飞机的时候，许多人都讥笑他们是异想天开，当时甚至有句俗语说：“上帝如果有意让人飞，早就使他们长出翅膀。”但是莱特兄弟毫不理会外界的说法，终于发明了飞机。当伽利略以望远镜观察天体，发现地球绕太阳而行的时候，教皇曾诅咒他下狱，命令他改变主张，但是伽利略依然继续研究，并著书阐明自己的学说，他的研究成果后来终于获得了证实。最伟大的成就，常属于那些在大家都认为不可能的情况下却能坚持到底的人。坚持就是胜利，这是成功的一条秘诀。

暂时的落后一点都不可怕，自卑的心理才是可怕的。人生的不如意、挫折、失败，对人是一种考验，是一种学习，是一种财富。我们要牢记“勤能补拙”，既能正确认识自己的不足，又能放下包袱，以最大的决心和最顽强的毅力克服这些不足，弥补这些缺陷。人的缺陷不是不能改变，而是看你愿不愿意改变。只要下定决心，讲究方法，就可以弥补自己的不足。

在不断前进的人生中，凡是看得见未来的人，也一定能掌握现在，因为明天的方向他已经规划好了，知道自己的人生将走向何方。留住心中的“希望种子”，相信自己会有一个无可限量的未来，心存希望，任何艰难都不会成为阻碍。只要怀抱希望，生命自然会充满激情与活力。

笑迎人生风雨

生活中难免有痛苦和失落，但是我们不能总是用悲观的心去对待生活，而应该在艰难中给自己一点希望，让自己坚强起来，再苦也要笑一笑。

钟爱东，百亩鱼塘的主人，被评为“巾帼科技兴农带头人”。

从一名普通的下岗女工到身价千万的养殖大王，不惑之年的钟爱东仍然勤劳淳朴。事业几经起落，她说，横下一条心，没有过不去的坎。

1997 年 1 月 1 日，是钟爱东不能忘却的日子。这一天，本以为捧上“铁饭碗”的她下岗了。她在这家工厂工作了近 20 年，还成了厂里的“一把手”。钟爱东说，她把全部的心血、最好的青春年华，都给了工厂，甚至没有时间照顾年幼的孩子。“当时觉得，心里有什么东西被人硬掰了下来。”钟爱东说。那天，她哭了。

下岗后，她接到的第一个电话，是花都区妇联打来的，她说，就是这个电话，在最艰难的时候教会她“用笑容去迎接困难”。钟爱东在当厂长的时候就经常与周围的农民接触，知道养殖水产有赚头，看准这一点，她拿出了仅有的 2000 元“压箱底钱”，又东奔西走借了些款，一咬牙承包了 200 亩低洼田。资金不够，就赚一分投入一分，滚动式周转。几年下来，天天“泡”鱼塘、搞技术，200 亩低洼田变成了水产养殖地。钟爱东说，那时照看鱼塘就是她全部的生活了。她每天早上都要花一个小时绕池塘走上几圈。

钟爱东没想到，生活中的第二次打击来得这么快。那一天，是钟爱东伤心的日子。一场大洪水湮灭了她刚刚兴旺起来的鱼塘。站在堤坝上，看着不断上涨的洪水一点点吞没了鱼塘，钟爱东绝望地回了家。“哪里跌倒就从哪里爬起来。”钟爱东说，这是当时丈夫说的唯一的话。倔强的她这次没有流泪，她开始带着工人挖塘、养苗，引进新技术、新鱼种，被洪水湮灭的鱼塘一点点“回来”了。

钟爱东成了远近闻名的“鱼王”，鱼塘越做越大，还办起了企业。多年的艰难经营，“养鱼为生”的钟爱东对技术情有独钟：一个没有创新、没有新产品的企业，就像脱水的鱼。

钟爱东有个温暖的四口之家，她说，在最困难的时候，家人的支持成了她的精神支柱。“当初好多次想到放弃，是他们帮我挺过了难关。”屡经磨难，钟爱东说，最重要的是要学会如何看待失败，“下岗、失败都不用怕，路是自己走出来的，认定目标走下去，一定会成功。”

生命，有起有落，有悲有喜，起伏不定，但是太阳却依然明亮，月亮仍然美丽，星星依旧闪烁……一切的一切仍旧是那么和谐，而生命，依然有着美丽的色彩，亟待我们去开发。明天，总是美好的，只要我们有心，只要我们在艰难中咬紧牙关，我们就能够在痛苦中盼来新一轮的朝阳。

砸烂差的，才能创造更好的

成功的人往往都是一些不那么“安分守己”的人，他们绝对不会因取得一些小小的成绩而沾沾自喜。眼前的小成就会阻碍你继续前行，因此，只有砸烂差的，才能创造更好的。

一位雕塑家有一个12岁的儿子。儿子要爸爸给他做几件玩具，雕塑家只是慈祥地笑笑，说：“你自己不能动手试试吗?”

为了做好自己的玩具，孩子开始注意父亲的工作，常常站在大台边观看父亲用各种工具，然后模仿着用于玩具制作。父亲也从来不向他讲解什么，放任自流。

一年后，孩子好像初步掌握了一些制作方法，玩具做得颇像个样子。这时，父亲偶尔会指点一二。但孩子脾气倔，从来不将父亲的话当回事，我行我素，自得其乐。父亲也不生气。

又一年，孩子的技艺显著提高，可以随心所欲地摆弄出各种人和动物形状。孩子常常将自己的“杰作”展示给别人看，引来诸多夸赞。但雕塑家总是淡淡地笑，并不在乎似的。

忽然有一天，孩子存放在工作室的玩具全部不翼而飞，他十分惊疑！父亲说：“昨夜可能有小偷来过。”孩子没办法，只得重新制作。

半年后，工作室再次被盗！又半年，工作室又失窃了。孩子有些怀疑是父亲在捣鬼：为什么从不见父亲为失窃而吃惊、防范呢?

偶然一天夜晚，儿子夜里没睡着，见工作室灯亮着，便溜到窗边窥视：父亲背着手，在雕塑作品前踱步、观看。好一会儿，父亲仿佛做出某种决定，一转身，拾起斧子，将自己大部分作品打得稀巴烂！接着，将这些碎土块堆到一起，放上水重新和成泥巴。孩子疑惑地站在窗外。这时，他又看见父亲走到他的那批小玩具前，只见父亲拿起每件玩具端详片刻，然后，父亲将他所有的自制玩具扔到泥堆里搅和起来！当父亲回头的时候，儿子已站在他身后，瞪着愤怒的眼睛。父亲有些羞愧，他温和地抚摸儿子的脸蛋，吞吞吐吐道："我……是……哦，是因为……只有砸烂较差的，我们才能创造更好的。"

10 年之后，父亲和儿子的作品多次同获国内外大奖。

父亲不愧是位雕塑家，他不但深谙雕塑艺术品，更懂得雕塑儿子的"灵魂"。

每一个渴望出人头地的人都必须谨记：只有不断砸烂较差的，才能完全没有包袱，创造出更好的，走进成功的殿堂。

笑对人生中的坎坷与挫折

不经历风雨
怎能见彩虹

不经历坎坷，怎能获得成功？没有人的道路是一帆风顺的，只有经历拼搏才能达成所愿。

失败乃成功之母

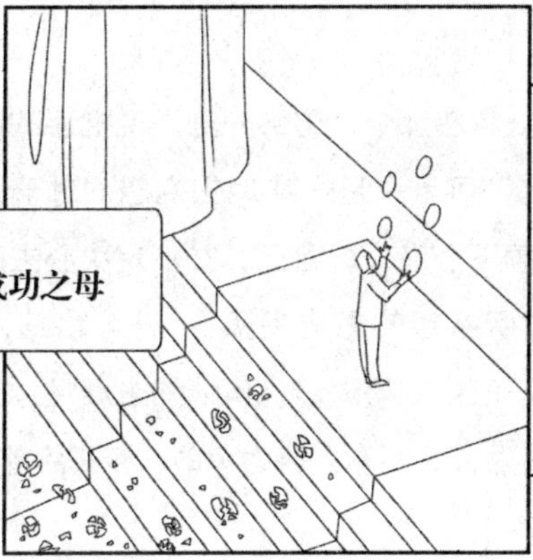

人生中的挫折与失败都是一种考验，只要不抛弃不放弃，终能获得想要的成功。

坚持就是胜利

人人梦寐以求的成功只属于那些在看不到希望的情况下依然不折不挠、锐意进取的人。行百里者半九十，心中的心火不灭并持续为之努力，终会达到胜利的彼岸。

第三章　内心足够强大，自然远离抱怨

抱怨是世界上最没有价值的语言

今天抱怨这个，明天抱怨那个，仿佛一刻不说抱怨的话，我们就感受不到心里的平衡。可是只是一味地去抱怨，对于改善处境没有丝毫益处，只有先静下心来分析自己，并下定决心去改变，付诸行动，事情才能向你所希望的方向发展。一分耕耘，一分收获，不要企望在抱怨或感叹中取得进步，事情的进展是你的行为直接作用的结果。事在人为，只要你去努力争取，梦想终能成真。

画家列宾和他的朋友在雪后去散步，他的朋友瞥见路边有一片污渍，显然是狗留下来的尿迹，就顺便用靴尖挑起雪和泥土把它覆盖了。没想到列宾看到后却生气了，他说："几天来我总是到这来欣赏这一片美丽的琥珀色。"

在我们的生活中，当我们老是埋怨别人给我们带来不快，或抱怨生活不如意时，想想那片狗留下的尿迹：它是"污渍"，还是"一片美丽的琥珀色"，都取决于你自己的心态。

不要抱怨你的工作不好，不要抱怨你住在破宿舍里，不要抱怨你的男人穷或你的女人丑，不要抱怨你没有一个好爸爸，不要抱怨你空怀一身绝技没人赏识你。现实有太多的不如意，就算生活给你的是垃圾，你同样能把垃圾踩在脚底下，登上世界之巅。

孔雀向王后朱诺抱怨，它说："王后陛下，我不是无理取闹来诉说，您赐给我的歌喉，没有任何人喜欢听，可您看那黄莺小精灵，唱出的歌声婉转，它独占春光，风头出尽。"

朱诺听到如此言语，严厉地批评道："你赶紧住嘴，嫉妒的鸟儿，你看你脖子四周，如一条七彩丝带。当你行走时舒展的华丽羽毛，就好像色彩斑斓的珠宝。你是如此美丽，你难道好意思去嫉妒黄莺的歌声吗？和你相比，这世界上没有任何一种鸟能像你这样受到别人的喜爱。一种动物不可能具备世界上所有动物的优点。我们赐给大家不同的天赋，有的天生长得高大威猛；有的如鹰一样的勇敢，鹊一样的敏捷；有的则有可以预告未来的能力。大家彼此相融，各司其职。所以我奉劝你停止抱怨，不然的话，作为惩罚，你将失去你美丽的羽毛。"

抱怨对事情没有一点帮助，与其不停地抱怨，不如把力气用于行动。

抱怨的人不见得不善良，但常不受欢迎。抱怨的人认为自己经历了世上最大的不平，但他忘记了听他抱怨的人也可能同样经历了这些，只是心态不同，感受不同。

宽容地讲，抱怨实属人之常情。然而抱怨之所以不可取，原因在于：抱怨等于往自己的鞋里倒水，只会使以后的路更难走。抱怨的人在抱怨之后不仅让别人感到难过，自己的心情也往往更糟，心头的怨气不但没有减少，反而更多了。常言道：放下就是快乐。与其抱怨，不如将其放下，用超然豁达的心态去面对一切，这样迎来的将是一番新的景象。

天下有很多东西是毫无价值的，抱怨就是其中一种。

抱怨往往来自心理暗示

暗示是一种奇妙的心理现象，可分为他暗示与自我暗示两种形式。他暗示从某种意义上说可以称之为预言，虽然它对我们的生活也起一定作用，但却不及自我暗示的力量大。

自我暗示就是自己对自己的暗示。所有为自我提供的刺激，一旦进入了人的内心世界，都可称为自我暗示。自我暗示是思想意识与外部行动两者之间沟通的媒介。它还是一种启示、提醒和指令，它会告诉你注意什么、追求什么、致力于什么和怎样行动，因而它能支配影响你的行为。这是每个人都拥有的一个看不见的法宝。

自有人类以来，不知有多少思想家、传教士和教育者都一再强调不抱怨的重要性。但他们都没有明确指出：不抱怨其实也是一种心理状态，是一种可以用自我暗示诱导和修炼出来的积极的心理状态。

成功始于觉醒，心态决定命运。这是当今时代的伟大发现，是成功心理学的卓越贡献。成功心理、积极心态的核心就是自我主动意识，或者称作积极的自我意识，而这种意识的来源和成果就是经常在心理上进行积极的自我暗示。反之也一样，消极心态、自卑意识，就是经常在心理上进行消极暗示。不同的心理暗示也是形成不同的意识与心态的根源。所以说，心态决定命运，正是以心理暗示决定行为这个事实为依据的。

不同的心理暗示，会给你带来不同的情绪。

我们多数人的生活境遇，既不是一无所有、一切糟糕，也不是什么都好、事事如意。这种一般的境遇相当于“半杯咖啡”。你面对这半杯咖啡，心里会产生什么念头呢？消极的自我暗示是为少了半杯而不高兴，情绪消沉；而积极的自我暗示是庆幸自己已经获得了半杯咖啡，那就好好享用，因而情绪振作、行动积极。

由此可见，心理暗示这个法宝有积极的一面也有消极的一面，不同的心理暗示必然会有不同的选择与行为，而不同的选择与行为必然会有不同的结果。有人曾说：“一切的成就，一切的财富，都始于一个意念。”我们还可以再说得浅显全面一些：你习惯于在心理上进行什么样的自我暗示，就是你贫与富、成与败的根本原因。因而，我们一直强调，发展积极心态、取得成功的主要途径是：坚持在心理上进行积极的自我暗示，去做那些你想做而又怕做的事情，尤其要把羞于自我表现、惧于与人交际的心理改变为敢于自我表现、乐于与人交际的心理。

每个人都带着一个看不见的法宝。这个法宝具有两种不同的作用，这两种不同的力量都很神奇。一种力量会让你鼓起信心勇气，抓住机遇，采取行动，去获得财富、成就、健康和幸福；另一种力量则会让你排斥和失去这些极为宝贵的东西。

这个法宝的两面就是两种截然不同的心理上的自我暗示，关键就在于你选择哪一面，经常使用哪一面。

一个人的心理暗示是怎样的，他就会真的变成那样。如果经常给自己一些对现状不满的心理暗示，自然会产生抱怨。所以，我们要调动自己的情绪心理，充分利用积极的心理暗示，让自己从内心中剔除抱怨，不断地给自己激励与鼓舞的正面暗示。这样，你才能感受到精神与行动的统一，才能感受到在不抱怨的世界里那股来自宇宙间的神奇力量。

怨天尤人不如改变心态

电视剧《好想好想谈恋爱》中有这样一段：女主人公谭艾琳和男朋友伍岳峰分手之后，巨大的伤痛让她几乎崩溃，她将自己所有的情绪都用来抱怨：

“你现在打死伍岳峰他也不会明白，其实最受损失的是他，而不是我。我是他生命中唯一的一次爱情机会，他错失了，他以后再也没有机会了，他以为他的天底下有几个谭艾琳？他真是有眼无珠，他以后只有哭的份了，这就叫过了这村就没这店了，他肠子都得悔青了。

“有的男人对我来说重如泰山，有的轻如鸿毛。伍岳峰就是鸿毛。我像扔个酒瓶似的把他彻底打碎了，他根本不懂女人，离开他是我的幸运和解脱，他将永远处处碰壁，对，碰壁，碰得头破血流。而我经过历练，炉火纯青，笑到最后的是我。他完蛋了，他会一蹶不振，追悔莫及，太好了。”

诸如此类的抱怨她几乎如同潮水一样的倾倒给自己所有的朋友，直到有一天，朋友实在忍受不住她的抱怨："你已经唠叨了一个星期了。说实话我听得已经有点儿头晕耳鸣了，再听下去我会疯掉的。"于是，在之后的日子中，她与同样失恋的男人章月明一起倾诉彼此的不幸，在章月明的不断抱怨中，谭艾琳自己渐渐开始沉默，直到有一天她也听够了大喊道："别说了，太无聊了，一个男人或一个女人一辈子愤怒的是爱情，谩骂的是爱情，得意的是爱情，沮丧的还是爱情，一辈子就忙活爱情吗？你别再跟我唠叨了，我受够了。别人没有义务承担你感情的后果，这是你应该自己解决的问题，你爱一个人就是愿打愿挨的事，没有人逼你，知道吗？敢做就得敢当。"

的确，就像谭艾琳那样，当自己不断地抱怨的时候，对于自己已经成为别人眼中的"怨妇"毫无知觉。可当看到另一个人如同自己一样整天抱怨的时候，就会突然觉醒，原来自己竟是如此可怜、可悲。在别人的事情中看到了自己的影子，才突然醒悟：如此的抱怨多么地令人厌倦。

生活中，我们常常以为自己通过抱怨可以博得别人的同情，但就像鲁迅笔下的祥林嫂一样，不幸的事情在别人的耳朵里已经长茧，当初的同情也可能化成嘲笑，最终成为别人茶余饭后的笑柄。而对于我们每一个人来说，遇到不幸的事情，抱怨根本不能让失去的东西重新回来，反而更加影响自己的生活，失去的越来越多。

当一个人开始抱怨的时候，他能想到的只是自己当初如何的不幸，才造成如今的结果，越想越伤心，越想越生气，当这种情绪不断蔓延的时候，根本没有心情去做别的事情。比如当抱怨自己的生活条件不佳，不仅不能为改善自己的生活起到任何作用，反而影响到自己为自己创造更好条件的机会和时间。如果将抱怨的时间用来努力想办法改善自己的生活条件的话，那么很可能当初和自己条件相当的人在一年之后仍然在抱怨，而自己却已经在咖啡厅里悠闲地享受生活了。所以说，抱怨远远不如调整好自己的状态，努力地改变现状，这样更容易使自己摆脱困境。

虽然有时候我们常常会因为遇到了困难而暴躁不安，可是苦难不会因为你的暴躁而消失。所以，当我们苦闷的时候可以尝试着放松心情，暗示自己这是很正常的事情，没有什么大不了的。可以适当地倾诉，但是不能一直沉浸在不幸的事情上。充满信心，昂首挺胸地迎接生活的挑战才是打好胜仗的前提条件。人生处处都有希望，只要你想去做，尽力做，就能做得更好。

内心足够强大，生命就会屹立不倒

在每个人的生命中，会发生各种各样的事情，让你或大喜，或大悲。无论如何，这些事情就像我们生命中的坐标一样，它们或深或浅、或明媚或黯淡的色调，构成了我们的人生画卷。

在人生的岁月里，起伏不定常常带给人们不安全感。所以，人们常常抱怨磨难，抱怨那些让我们的生活变得艰苦的事情，抱怨那些让我们的内心承受煎熬的经历。可是，人们在抱怨的时候并没有想到，这些磨难就像烈火，我们只有经过锤炼，才能变得更加坚韧、更加刚强。

德国有一位名叫班纳德的人，在风风雨雨的50年间，遭受了200多次磨难的洗礼，成为世界上最倒霉的人，但这些也使他成为世界上最坚强的人。

他出生后的第14个月，摔伤了后背；之后又从楼梯上掉下来，摔残了一只脚；再后来爬树时又摔伤了四肢；一次骑车时，忽然不知从何处刮来一阵大风，把他吹了个人仰车翻，膝盖又受了重伤；13岁时掉进了下水道，差点窒息；一辆汽车失控，把他的头撞了一个大洞，血如泉涌；又有一辆垃圾车，倾倒垃圾时将他埋在了下面；还有一次，他在理发屋中坐着，突然一辆飞驰的汽车驶了进来……

他一生遭遇无数灾祸，在最为晦气的一年中，竟遇到了17次意外。

令人惊奇的是，他至今仍旧健康地活着，心中充满着自信。他历经了200多次磨难的洗礼，还怕什么呢？

人生不可能一帆风顺，一旦困境出现，首先被摧毁的就是失去意志力和行动能力的温室花朵。经常接受磨炼的人则能创造出崭新的天地，这就是所谓的“置之死地而后生”。

“自古雄才多磨难，从来纨绔少伟男”，人们最出色的成绩往往是在挫折中做出的。我们要有一个辩证的挫折观，经常保持充足的信心和乐观的态度。挫折和磨难使我们变得聪明和成熟，正是不断从失败中汲取经验，我们才能获得最终的成功。我们要悦纳自己和他人，要能容忍不利的因素，学会自我宽慰，情绪乐观、满怀信心地去争取成功。

如果能在磨难中坚持下去，磨难就是人生不可多得的一笔财富。有人说，不要做在树林中安睡的鸟儿，要做在雷鸣般的瀑布边也能安睡的鸟儿，就是这个道理。磨难并不可怕，只要我们学会去适应，那么磨难带来的逆境，反而会让我们拥有进取的精神和百折不挠的毅力。

我们在埋怨自己生活多磨难的同时，不妨想想班纳德的人生经历，或许还有更多多灾多难的人们，与他们相比，我们的困难和挫折算得了什么呢？只要我们内心足够自信与强大，生命就能屹立不倒。

习惯抱怨生活太苦、运气太差的人，是不是也能说一句这样的豪言壮语："我已经经历了那么多的磨难，眼下的这一点痛又算得了什么？"

只要相信自己，就没有什么外在因素可以伤害或摧毁你。至于受老板的责骂、受客户的折磨、被别人批评之类的小事，你还会在乎吗？

幸福就在你心中

幸福就是在遇到事情的时候，选择好的心态，用积极和乐观的态度发现生活中的乐趣，而不是用悲观的眼睛去丈量生活的土地。

一位少妇，回家向母亲倾诉，说婚姻很是糟糕，丈夫既没有很多的钱，也没有好的事业，生活总是周而复始，单调无味。母亲笑着问：“你们在一起的时间多吗？”女儿说：“太多了。”母亲说：“当年，你父亲上战场，我每日期盼的，是他能早日从战场上凯旋，与他整日厮守，可惜，他在一次战斗中牺牲了，再也没有能够回来，我真羡慕你们能够朝夕相处。”母亲沧桑的老泪一滴滴掉下来，渐渐地，女儿仿佛明白了什么。

一群男青年，在餐桌上谈起自己的老婆，说总是被管束得太严，几乎失去了自由，边说边有大丈夫的凛然正气，扬言回家要和老婆斗争到底。邻桌的一位老叟默默地听了，起身向他们敬酒，问：“你们的夫人都是本分人吗？”男青年们点头。老叟叹了一口气，说：“我爱人当年对我也是管得太死，我愤然离婚，后来她抑郁而终，如果有机会，我多希望能当面向她道一次歉，请求她时时刻刻地看管着我，小伙子，好好珍惜缘分呀！”男青年们望着神色黯然的老叟，沉默不语，若有所悟。

一位干部，从领导岗位上退了下来，一时间萎靡不振，判若两人。妻子劝慰他：“仕途难道是人生的最大追求吗？你至少还有学历还有专业技术呀，你还可以重新开始你的新的事业呀。你一直是个善待生活的人，我们并不会因为你做不做领导而对你另眼相待，在我的眼里，你还是我的丈夫，还是孩子的父亲。我告诉你亲爱的，我现在甚至比以前更加爱你。”丈夫望着妻子，久久不语，眼里闪烁着晶莹的泪光。

一位盲人，在剧院欣赏一场音乐会，交响乐时而凝重低缓，时而明快热烈，时而浓云蔽日，时而云开雾散。盲人惊喜地拉着身边的人说："我看见了！我看见了山川，看见了花草，看见了光明的世界和七彩的人生……"

一位病人，医生郑重地告诉他，手术成功，化验结果出来了，从他腹腔内摘除的肿瘤只是一般的良性肿瘤，经过一段时间的疗养便可康复出院，并不危及生命。他顿时满面春风，双目有神，紧紧地握着医生的手，激动地说："谢谢，谢谢，是你给了我第二次生命……"

幸福在哪里？带着这样的问题，芸芸众生，茫茫人海，我们在努力寻找答案。其实，幸福是一个多元化的命题，我们在追求着幸福，幸福也时刻伴随着我们。只不过，很多时候，我们身处幸福的山中，在远近高低的角度看到的总是别人的幸福风景，却往往没有悉心感受自己所拥有的幸福天地。

别把抱怨当成习惯

从前，有一个国家，连一匹马都没有。这个国家的国王非常忧虑，他下决心不惜重金四处购买骏马。

不久，买来了500匹高大的骏马，国王见后，心中非常欢喜，立即命令加以训练。

当500匹战马被训练得能够冲锋陷阵的时候，邻国和他建立了邦交，互派使节，表现得非常和气。

国王以为可以高枕无忧了。

这样的和平一直持续了好几年。国王看到这500匹马一直养尊处优，而且养马这一笔经费确实为数不少，不禁又烦恼起来。后来，他想出了一个主意：“何不把这些马送去从事生产呢？这样不仅减少了开支，而且还能增加国家财政的收入，岂不是两全其美！”于是，他下令将这500匹马牵到磨坊去磨米。

这500匹马每天被工人们用布紧紧蒙住眼睛，又用鞭子抽打，逼着它们拉着石磨旋转。起初，马非常不习惯，但后来，500匹战马慢慢地被驯服了，对拉磨也就习以为常了。

国王知道这些情况后，笑道：“这些马既能保国，又能生产，我的主意真是一举两得啊！”

不久，邻国突然进兵侵犯他的国境，国王即刻下令召集那500匹马应战。国王亲自领着500骑兵，浩浩荡荡向战场进发。

到了战场，两军交锋，国王的500匹战马虽然壮硕，但平常习惯了拉磨，此时面对敌军也不断地旋转着。骑兵们着急地提鞭抽打，没想到抽打得越快，马旋转得越快。敌军见状大喜，遂驱军直进，横杀直刺，好不痛快，国王的骑兵被杀得落花流水，逃窜而去。

在生活中，不如意的事情时有发生，你是否经常抱怨不断呢？不要让抱怨成为习惯，否则，就会像那些习惯了拉磨的战马一样，陷入永无止境的旋转轮回。

有这样一个寓言故事：

有一天，素有森林之王之称的狮子来到了天神面前："我很感谢你赐给我如此雄壮威武的体格、如此强大无比的力气，让我有足够的能力统治这整片森林。"

天神听了，微笑地问："这不是你今天来找我的目的吧？看起来你似乎为了某事而困扰呢！"

狮子轻轻吼了一声，说："天神真是了解我啊！我今天的确是有事相求。因为尽管我的能力再好，但是每天鸡鸣的时候，我总是会被鸡鸣声给吓醒。祈求您，再赐给我力量，让我不再被鸡鸣声吓醒吧！"

天神笑道："你去找大象吧，它会给你一个满意的答复的。"

狮子兴冲冲地跑到湖边找大象，还没见到大象，就听到大象跺脚所发出的"砰砰"响声。

狮子加速地跑向大象，却看到大象正气呼呼地直跺脚。

狮子问大象："你干吗发这么大的脾气？"

大象拼命摇晃着大耳朵，吼着："有只讨厌的小蚊子，总想钻进我的耳朵里，害我都快痒死了。"

狮子离开了大象，心里暗自想着："原来体型这么巨大的大象，还会怕那么瘦小的蚊子，那我还有什么好抱怨的呢？毕竟鸡鸣也不过一天一次，而蚊子却是无时无刻地骚扰着大象。这样想来，我可比它幸运多了。”

狮子一边走，一边回头看着仍在跺脚的大象，心想：“天神要我来看看大象的情况，应该就是想告诉我，谁都会遇上麻烦事。既然如此，那我只好靠自己了！反正以后鸡鸣时，我就当作鸡是在提醒我该起床了，如此一想，鸡鸣声对我还算是有益处呢！”

故事的深意不言而喻。稍微遇上一些不顺心的事，就习惯性地抱怨老天亏待我们，那么我们将错失许多美好的机会。对生活不满的时候，看看别人，或者给自己换一种心态，你就将看到不一样的人生。

不要抱怨生活的不公平

在现实中，我们难免要遭遇挫折与不公正的待遇，每当这时，有些人往往会产生不满，满腹牢骚，希望以此引起更多人的同情，吸引别人的注意力。从心理角度上讲，这是一种正常的心理自卫行为。但这种自卫行为同时也是许多人心中的痛，因为牢骚、抱怨会削弱责任心，降低工作积极性，这几乎是所有人为之担心的问题。

通往成功的征途不可能一帆风顺，遭遇困难是常有的事。事业的低谷、种种的不如意让你仿佛置身于荒无人烟的沙漠，没有食物也没有水。这种漫长的、连绵不断的挫折往往比那些虽巨大但却可以速战速决的困难更难战胜。在面对这些挫折时，许多人不是积极地去找寻方法化险为夷，绝处逢生，而是一味地急躁，抱怨命运的不公平，抱怨生活给予的太少，抱怨时运的不佳。

奎尔是一家汽车修理厂的修理工，从进厂的第一天起，他就开始喋喋不休地抱怨，“修理这活太脏了，瞧瞧我身上弄的”“真累呀，我简直讨厌死这份工作了”……每天，奎尔都是在抱怨和不满的情绪中度过。他认为自己在受煎熬，在像奴隶一样卖苦力。因此，奎尔每时每刻都窥视着师父的眼神与行动，稍有空隙，他便偷懒耍滑，应付手中的工作。

转眼几年过去了，当时与奎尔一同进厂的3个工友，各自凭着精湛的手艺，或另谋高就，或被公司送进大学进修，独有奎尔，仍旧在抱怨中做他讨厌的修理工。

抱怨的最大受害者是自己。生活中你会遇到许多才华横溢的失业者，当你和这些失业者交流时，你会发现，这些人对原有工作充满了抱怨、不满和谴责。要么就怪环境条件不够好，要么就怪老板有眼无珠，不识才……总之，牢骚一大堆，积怨满天飞。殊不知这就是问题的关键所在——吹毛求疵的恶习使他们丢失了责任感和使命感，只对寻找不利因素兴趣十足，从而使自己发展的道路越走越窄。他们与公司格格不入，变得不再有用，只好被迫离开。如果不相信，你可以立刻去询问你所遇到的任何10个失业者，问他们为什么没能在所从事的行业中继续发展下去，10个人当中至少有9个人会抱怨旧上级或同事的不是，绝少有人能够认识到自己失业的真正原因。

提及抱怨与责任，有位企业领导者一针见血地指出：“抱怨是失败的一个借口，是逃避责任的理由。爱抱怨的人没有胸怀，很难担当大任。”仔细观察任何一个管理健全的机构，你会发现，没有人会因为喋喋不休的抱怨而获得奖励和提升。这是再自然不过的事了。想象一下，船上水手如果总不停地抱怨：这艘船怎么这么破，船上的环境太差了，食物简直难以下咽，以及有一个多么愚蠢的船长……这时，你认为，这名水手的责任心会有多大？对工作会尽职尽责吗？假如你是船长，你是否敢让他做重要的工作？

一个人的发展往往会受到很多因素的影响，这些因素有很多是自己无法把握的，工作不被认同、才能不被发现、职业发展受挫、上司待人不公、别人总用有色眼镜看自己……这时，能够拯救自己走出泥潭的只有忍耐。比尔·盖茨曾告诫初入社会的年轻人：“社会是不公平的，这种不公平遍布于个人发展的每一个阶段。”在这一现实面前，任何急躁、抱怨都没有益处，只有坦然地接受现实并战胜眼前的痛苦，才能使自己的事业有进一步发展的可能。

失去可能是另一种获得

人生就像一场旅行，在行程中，你会用心去欣赏沿途的风景，同时也会接受各种各样的考验。这个过程中，你会失去许多，但是，你同样也会收获很多，因为失去是另一种获得。

有一位住在深山里的农民，经常感到环境艰险，难以生活，于是便四处寻找致富的好方法。一天，一位从外地来的商贩给他带来了一样好东西，可在阳光下，那东西看上去只是一粒粒不起眼的种子。但据商贩讲，这不是一般的种子，而是一种叫作“苹果”的水果的种子，只要将其种在土壤里，几年以后，就能长成一棵棵苹果树，结出数不清的果实，拿到集市上，可以卖好多钱呢！

欣喜之余，农民急忙将苹果种子小心收好，脑海里随即涌现出一个问题：既然苹果这么值钱、这么好，会不会被别人偷走呢？于是，他特意选择了一块荒僻的山野来种植这种颇为珍贵的果树。

经过几年的辛苦耕作，浇水施肥，小小的种子终于长成了一棵棵茁壮的果树，并且结出了累累硕果。

这位农民看在眼里，喜在心中。因为缺乏种子的缘故，果树的数量还比较少，但结出的果实也足以让自己过上好一点儿的生活。

他特意选了一个吉祥的日子，准备在这一天摘下成熟的苹果，挑到集市上卖个好价钱。当这一天到来时，他非常高兴，一大早便上路了。

当他气喘吁吁爬上山顶时，心里猛然一惊，那一片红灿灿的果实，竟然被外来的飞鸟和野兽们吃了个精光，只剩下满地的果核。

想到这几年的辛苦劳作和热切期望付之东流，他不禁伤心欲绝，大哭起来。他的财富梦就这样破灭了。在随后的岁月里，他的生活仍然艰苦，他只能苦苦支撑下去，一天一天地熬日子。不知不觉之间，几年的光阴如流水一般逝去。

一天，他偶然来到了这片山野。当他爬上山顶后，突然愣住了，因为在他面前出现了一大片茂盛的苹果林，树上结满了累累硕果。

这会是谁种的呢？他思索了好一会儿才找到了答案：这一大片苹果林都是他自己种的。

几年前，当那些飞鸟和野兽在吃完苹果后，就将果核吐在了旁边，经过几年的时间，果核里的种子慢慢发芽生长，终于长成了一片更加茂盛的苹果林。

现在，这位农民再也不用为生活发愁了，这一大片林子中的苹果足以让他过上幸福的生活。

从这个故事当中我们可以看出，有时候，失去是另一种获得。花草的种子失去了在泥土中的安逸生活，却获得了在阳光下发芽微笑的机会；小鸟失去了几根美丽的羽毛，经过跌打，却获得了在蓝天下凌空展翅的机会。人生总在失去与获得之间徘徊，没有失去，也就无所谓获得。

一扇门如果关上了，必定有另一扇门打开。你失去了一种东西，必然会在其他地方收获另一种东西。关键是，你要有乐观的心态，相信有失必有得，要舍得放弃，正确对待你的失去。

化愤怒为力量

与其生气抱怨，不如拼命努力

一味生气反驳甚至发脾气并不会让你在别人心中的地位提高，用实力证明自己才是硬道理。

抱怨不解决问题，实干才带来改变

人不能一味逃避责任，畏惧苦难。我们与其生气，不如干起来，实干才带来改变。

挫折不值得生气，它是对你人生的升华

遇到挫折不要消沉，恰恰是苦难打磨了你的人生，锻炼了你的能力。把生气的功夫用来提升自我，你会有很大的收获。

第四章　活在当下，不透支生活的烦恼

我们随时都有选择快乐的权利

如果你遇到了挫折，遭遇了失败，心情低落到了极点，情绪坏到了不能再坏到地步，那么请先让自己冷静下来，铺开一张纸，就好像铺开自己的心情一样，把自己的不快乐都列在这张清单上。当然，你还要找出另一张纸，在上面写上可能让你得到幸福的事情，不要放过任何一个快乐的源泉，比如你长得漂亮、你的身体很健康、你的家人对你很好等等。紧接着，你就可以对比了。这个时候，你就会发现，让你快乐的理由远远大于悲伤和难过的，既然如此，你就不该再将自己置于悲伤和痛苦的阴影当中了。

多年以前，有一个女孩因为失手伤了人而坐牢，尽管后来被释放，她仍然很痛苦，就到教堂祷告，希望上帝能够分担她的痛苦。看到女孩一脸悲伤，牧师问她发生了什么事。女孩哭了，她泣不成声地说："我多么的不幸啊，我这一辈子都摆脱不了这件事情给我带来的痛苦了……"

听罢她的叙述，牧师对她说：“这位小姐，你是自愿坐牢的。”

女孩被牧师的话吓了一跳，说：“你说什么？我怎么可能自愿坐牢？”

牧师对她说：“尽管你已经从监狱里出来了，但在你的心里，天天心甘情愿地被关在牢里，那你不是自愿坐在心中的牢狱里吗？”

“这是什么意思呢？”女孩不解地问。

“在你身边发生了一件不好的事情，你就好像看了一场不好的电影一样，天天在回想，这不是很笨吗？你改变不了环境，但你可以改变自己；你改变不了事实，但你可以改变态度；你改变不了过去，但你可以改变现在；你不能控制他人，但你可以掌握自己；你不能预知明天，但你可以把握今天；你不可能样样顺利，但你可以事事尽心；你不能延伸生命的长度，但你可以决定生命的宽度；你不能左右天气，但你可以改变心情……”

生活本身已经制造那么多问题了，如果我们又进一步在脑子里提炼出那么多不快乐，的确是在增加心理的负荷。每天都要面对那么多无法预测的事情，还要承受自己给自己制造的不快乐，这难道不是一种愚蠢的行为吗？

我们不要再强调那些不快乐，来看看怎么才能停止制造不幸的过程：我们是因为想不快乐的事情，使用我们惯有的悲观情绪去想问题，所以才变得不快乐的。那么，只要我们停止再想这些问题，停止用悲观的眼睛看待世界，就会开心得多。

其实，一个人在任何时候都面临着选择快乐和不快乐两个方面，也许我们不能在任何环境下都选择快乐，但是我们必须知道，我们在任何时候都有选择快乐的权利。

活着，就是一种幸福

有位青年，厌倦了生活，感到一切只是无聊和痛苦。为寻求刺激，青年参加了挑战极限的活动。活动规则是：一个人待在山洞里，无光无火亦无粮，每天只供应5千克的水，时间为整整5个昼夜。

第一天，青年颇觉刺激。

第二天，饥饿、孤独、恐惧一齐袭来，四周漆黑一片，听不到任何声响。于是他有点向往起平日里的无忧无虑来。

他想起了乡下的老母亲不远千里赶来，只为送一坛韭菜花酱以及一双小孙子的虎头鞋；他想起了终日相伴的妻子在寒夜里为自己掖好被子；他想起了宝贝儿子为自己端的第一杯水；他甚至想起了与他发生争执的同事曾经给自己买过的一份工作餐……渐渐地，他后悔起平日里对生活的态度来：懒懒散散，敷衍了事，冷漠虚伪，无所作为。

到了第三天，他几乎要饿昏过去。可是一想到人世间的种种美好，便坚持了下来。

第四天、第五天，他仍然在饥饿、孤独、极大的恐惧中反思过去，向往未来。

他责骂自己竟然忘记了母亲的生日；他遗憾妻子分娩之时未尽照料义务；他后悔听信流言与好友分道扬镳……他这才觉出需要他努力弥补的事情竟是那么多。可是，连他自己也不知道，他能不能挺过最后一关。此时，泪流满面的他发现：洞门开了。阳光照射进来，白云就在眼前，淡淡的花香，悦耳的鸟鸣——他又迎来了一个美好的人间。

青年扶着石壁慢慢走出山洞，脸上浮现出了一丝难得的笑容。5天来，他一直用心在说一句话，那就是：活着，就是幸福。

放下死亡的包袱，敲开自己的心扉，积极地对待生活中的每一天，你才能好好地活着。

一位名人去世了，朋友们都来参加他的追悼会。昔日前呼后拥、香车宝马的名人躺在骨灰盒里，百万家财不再属于他，宽敞的楼房也不再属于他，他所拥有的只有一个骨灰盒大小的空间。

从名人的追悼会上回来，几乎每一个人都对生命有了新的看法。

追悼会是一次洗礼。从死亡的身边经过以后，才知道活着究竟是怎么回事。

一边是死亡的震撼，一边是活着的琐碎，我们很容易被死亡震撼，但我们更容易被活着的琐碎淹没。不要去在意那些繁杂的纠葛、苦痛、伤害、低迷等，一切的一切仅仅是生活中小小的注脚而已。 活着，即意味着有追求幸福的资本和契机。 活着就是幸福，让我们好好珍惜现在鲜活的生命。

活在当下，不透支生活的烦恼

有个小和尚，每天早上负责清扫寺院里的落叶。

清晨起床扫落叶实在是一件苦差事，尤其在秋冬之际，每一次起风时，树叶总随风飞舞。每天早上都需要花费许多时间才能扫完树叶，这让小和尚头痛不已，他一直想要找个好办法让自己轻松些。

后来有个和尚跟他说：“你在明天打扫之前先用力摇树，把落叶统统摇下来，后天就可以不用扫落叶了。”小和尚觉得这是个好办法，于是隔天他起了个大早，使劲猛摇树，这样他就可以把今天跟明天的落叶一次扫干净了。一整天小和尚都非常开心。

第二天，小和尚到院子里一看，不禁傻眼了，院子里如往日一样满地落叶。老和尚走了过来，对小和尚说：“傻孩子，无论你今天怎么用力，明天的落叶还是会飘下来。”小和尚终于明白了，世上有很多事是无法提前的，唯有认真地活在当下，才是最正确的人生态度。

库里希坡斯曾说：“过去与未来并不是‘存在’的东西，而是‘存在过’和‘可能存在’的东西。唯一‘存在’的是现在。”

活在当下是一种全身心地投入人生的生活方式。当你活在当下，而没有过去拖在你后面，也没有未来拉着你往前时，你全部的能量都集中在这一时刻，生命因此具有一种巨大的张力。“当下”给你一个深深地潜入生命水中或是高高地飞进生命天空的机会。当然在两边都有危险——“过去”和“未来”是人类语言里最危险的两个词。生活在过去和未来之间的当下就好像走在一条绳索上，在它的两边都有危险。但是一旦你尝到了“当下”这个片刻的甜蜜，你就不会去顾虑那些危险；一旦你跟生命保持同一步调，其他的就无关紧要了。对你而言，生命就是一切。

当生命走向尽头的时候，你问自己一个问题：你对这一生还存有遗憾吗？你认为想做的事你都做了吗？你有没有好好笑过、真正快乐过？

想想看，你这一生是怎么度过的：年轻的时候，你拼了命想挤进一流的大学；随后，你巴不得赶快毕业找一份好工作；接着，你迫不及待地结婚、生小孩；然后，你又整天盼望小孩快点长大，好减轻你的负担；后来，小孩长大了，你又恨不得赶快退休；最后，你真的退休了，不过，你也老得几乎连路都走不动了……当你正想停下来好好喘口气的时候，生命也快要结束了。

其实，这不就是大多数人的写照吗？他们劳碌了一生，时时刻刻为生命担忧，为未来做准备，一心一意计划着以后发生的事，却忘了把眼光放在“现在”，等到时间一分一秒地溜过，才恍然大悟。

智者常劝世人要“活在当下”，到底什么叫作“当下”？简单地说，“当下”指的就是：你现在正在做的事、待的地方、周围一起工作和生活的人。“活在当下”就是要你把关注的焦点集中在这些人、事、物上面，认真地去接纳、品尝、投入和体验这一切。

许多人喜欢预支明天的烦恼，想要早一步将它解决掉。其实，明天如果有烦恼，你今天是无法解决的，每一天都有每一天的人生功课要交，努力做好今天的功课再说吧！用平常心对待每一天，用感恩的心对待当下的生活，我们才能理解生活和快乐的真正含义。

幸福在于失意时的忘却

有人这样问：“爱情没有了，回忆起来甜蜜多一点儿还是痛苦多一点儿？”我们常常会遇到这样的问题，很多人觉得失去了当然是痛苦大于幸福，想起分手时刻的那些伤害，想起流泪时的心情都会让人心中痛苦。而有一个人却说：“分手了，我记得最多的还是甜蜜，因为我忘记了那些痛苦，留在记忆里最多的还是曾经有一份很美的爱情。”的确，很多时候，我们伤心、痛苦的时候，最多的还是因为我们无法忘记，无法忘记那些伤痛和失意，那些记忆犹如明镜一般被我们悬挂起来，每天都在看，每时都在想，这样的话我们又怎能快乐呢？所以，在失意的时候，应当学会忘记，忘记那些不快，才能够真正的快乐，才能开始新的生活。

生于尘世，每个人都不可避免地要经历苦雨凄风，面对艰难困苦，想开了就是天堂，想不开就是地狱，而忘记就是一剂良药，治愈你的伤口，让你怀着新的希望上路。

人的一生就像一趟旅行，沿途中有数不尽的坎坷泥泞，但也有看不完的春花秋月。如果我们的一颗心总是被灰暗的风尘所覆盖，干涸了心泉、暗淡了目光、失去了生机、丧失了斗志，我们的人生轨迹岂能美好？而如果我们能保持一种健康向上的心态，即使我们身处逆境、四面楚歌，也一定会有“山重水复疑无路，柳暗花明又一村”的那一天。

悲观失望者一时的呻吟与哀叹虽然能得到短暂的同情与怜悯，但最终的结果必然是别人的鄙夷与厌烦；而乐观上进的人，经过长期的忍耐与奋斗，最终赢得的将不仅仅是鲜花与掌声，还有那饱含敬意的目光。

虽然，每个人的人生际遇不尽相同，但命运对每一个人都是公平的。因为窗外有土也有星，就看你能不能磨砺一颗坚强的心、一双智慧的眼，透过岁月的尘寻觅到辉煌灿烂的星星。只不过你永远忘不掉曾经的荆棘，所以你总畏惧前行。

很多人在失意的时候学会了抱怨，学会了沉沦。忘不掉别人给予的伤痛，莫过于拿别人的错误来惩罚自己。就如失恋，不是因为你自己不够优秀，也不是因为你自己倒霉，而是你在错误的时间遇到了不适合的人。分开很正常，因为你需要腾出时间和位置去给那个适合的人，但是在你沉沦的那一刻起，你的记忆里装满的都是曾经的伤，又怎能给那个真正适合的人空间呢？所以，一个塞满了旧的回忆的大脑，永远无法让新鲜的东西进来。

在生活中，有很多的无奈要我们去面对，有很多的道路需要我们去选择。忘记一些原本不应该属于自己的，去追寻前方更加美好的。忘记一些烦琐，为大脑减负；忘记那些怅惘，为了轻快地歌唱；忘记一段凄美，为了轻柔地梦想。忘记，是一种伤感，但更是一种美丽。

人生苦旅，等闲视之

人生难免会有失意的时候，事业上的、情感上的、家庭上的，等等。面对失意，强者以一颗自强不息的心不断进取，弱者就是面对一张薄纸，也不愿伸手戳破，去达到自己的目的。一个人拿到一手坏牌时，一定要保持自立自强的姿态，奋力前行。

有一个农民，只上了几年学，家里就没钱继续供他上学了。他辍学回家，帮父亲耕种二亩薄田。在他 18 岁时，父亲去世了，家庭的重担全部压在了他的肩上。他要照顾身体不佳的母亲，还有瘫痪在床的祖母。

改革开放后，农田承包到户。他把一块水田挖成池塘，想养鱼。但村里的干部告诉他，水田不能养鱼，只能种庄稼，他只好又把水塘填平。这件事成了一个笑话，在别人看来，他是一个想发财但又非常愚蠢的人。

听说养鸡能赚钱，他向亲戚借了 300 元钱，养起了鸡。但是一场大雨后，鸡得了鸡瘟，几天内全部死光。300 元对别人来说可能不算什么，但对一个只靠二亩薄田生活的家庭而言，可谓天文数字。他的母亲受不了这个刺激，忧劳成疾而死。

他后来酿过酒、捕过鱼，甚至还在石矿的悬崖上帮人打过炮眼……可都没有赚到钱。

36岁的时候，他还没有娶到媳妇。即使是离异的有孩子的女人也看不上他，因为他只有一间土屋，并随时有可能在一场大雨后倒塌。娶不上老婆的男人，在农村是没有人看得起的。

但他还是没有放弃，不久他就四处借钱买了一辆手扶拖拉机。不料，上路不到半个月，这辆拖拉机就载着他冲入一条河里。他断了一条腿，成了瘸子。而那辆拖拉机，被人捞起来时已经支离破碎，他只能拆开它，当作废铁卖。

几乎所有的人都说他这辈子完了。

但多年后他却成了一家公司的老总，手中有1亿元的资产。现在，许多人都知道他苦难的过去和富有传奇色彩的创业经历。许多媒体采访过他，许多报告文学描述过他。曾经有记者这样采访他：

记者问："在苦难的日子里，你凭借什么一次又一次毫不退缩?"

他坐在宽大豪华的老板台后面，喝完了手里的一杯水。然后，他把玻璃杯子握在手里，反问记者："如果我松手，这只杯子会怎样?"

记者说："摔在地上，碎了。"

"那我们试试看。"他说。

他手一松，杯子掉到地上发出清脆的声音，但并没有破碎，而是完好无损。他说："即使有10个人在场，他们都会认为这只杯子必碎无疑。但是，这只杯子不是普通的玻璃杯，而是用玻璃钢制作的。"

是啊！ 这样的人，即使只有一口气，他也会努力去拉住成功的手，除非上苍剥夺了他的生命……

这位成功者开始的境遇不但很坏，甚至可以说糟透了，但他硬是将原本悲惨的命运改变了。 他依靠的是什么？ 就是在失意的时候他从来没有放弃过，自强、自立使他一路风雨兼程最终走向了成功。

面对挫折，只有自强者才能战胜困难、超越自我。 如果一味地想着等待别人来帮忙，只能落得失败的下场。 凭着自己的努力可以解决任何问题，永远可以依赖的人只有自己！

从内心选择幸福，人生才会阳光明媚

得到快乐，与你住在多么高级的社区、有多么高薪的工作、多少休闲时间、多么显赫的头衔、多少名牌衣服、多么豪华的房车、多少银行存款全然没有关系。 智者告诉我们，快乐是一种心境。 古罗马哲学家锡尼卡也指出：“认为自己命运悲惨，就会过得凄风苦雨。”

也许有人会问：“人非要快乐才能生存吗？”当然不是。 英国哲学家米尔说得好：“没有快乐当然可以生存，人类几乎都是这么过的。”虽然人不一定要靠快乐才能活下去，但是任何东西都无法取代快乐。

何谓快乐？ 如何寻找快乐？ 大家的看法见仁见智，所以不要误以为别人心目中的快乐才叫快乐。 不少人都相信，若是换个处境——告别单身，结婚成家；搬出小屋，迁入豪宅；淘汰老旧的车，换上崭新的名车；不去上班，改去度假——他们会快活得多。

可是一旦换了环境，快乐却有可能不增反减，到头来他们又巴不得再变变花样。

从另一方面来说，满足现状的人遇到不同的境遇，也一样会感到快乐。无论生活处境如何，他们总会发现值得感谢的事物。富兰克林说：“真正快乐的人，即使绕道而行，也懂得欣赏沿路风光。”这句话的意思就是：快乐的人遇到环境变迁，依然笑口常开。

结婚25年来，凯瑞和丈夫一直很恩爱。

“你知道，理查德给利丝买了一枚贵重的钻戒，利丝给他买了一件长毛皮大衣。”凯瑞说。

“住在这么热的地方，毛皮大衣有什么用？”丈夫笑着回答。

他开始收拾东西，凯瑞看着他。他们一起经历了3次破产，住过5所房子，养育了3个孩子，用过9辆汽车，有23件家具，有过7次旅行假期，换过13份工作，共有18个银行存折和3张信用卡。

凯瑞给他剪头发，掖好过33488次右边的衬衣领子；凯瑞每次怀孕时，丈夫都给她洗脚；有18675次在她用完车后，他把车子停到它该停的地方。他们共用牙膏、橱柜，共有账单和亲戚，同时，他们也相互分享友情和信任……

在结婚25周年纪念日，丈夫对凯瑞说：“我给你准备了一件礼物。”

“什么？”她惊喜地问。

“闭上你的眼睛。”丈夫说。

当她睁开眼睛时，只见他捧着一棵养在泡菜坛子里的椰菜花。“我一直偷偷地养着它，叫孩子们看见，就该把它毁了。”他乐滋滋地说，“我知道你喜欢椰菜花。”

这时，一种甜蜜的幸福从凯瑞心中升起。

实际上，快乐和幸福只在你的感觉中。

你是否快乐，决定权在你，而不在老板、配偶、朋友、父母、社会或政府的身上。追求快乐是你的权利。一位智者说：“美国宪法并不保障人民的幸福，只保障人民追求幸福的权利，而幸福得靠自己去追求。”要不要快乐，有赖你的选择，但请务必把快乐看得比成功重要，因为成功不一定能带来快乐。

如果你时时刻刻都在寻找快乐，却总是空手而回，那就表示你找错了地方或方法不对，应当再多加留意你找过的场所或调整方法。再强调一次，追求快乐，完全在自己，快乐可不会在乎你是否拥有它。无论是男是女、是高是矮、是富是贫、是单身还是已婚、是目不识丁还是饱学之士，能不能找到快乐，全靠自己。

活在当下，从内心选择幸福